山东万米海滩侵蚀特征与防护

王勇智　田梓文　杜军　谷东起　吴頔　编著

海洋出版社

2021年·北京

图书在版编目（CIP）数据

山东万米海滩侵蚀特征与防护/王勇智等编著.
—北京：海洋出版社，2021.10
ISBN 978-7-5210-0846-3

Ⅰ.①山…　Ⅱ.①王…　Ⅲ.①侵蚀海岸-海岸防护-
研究-山东　Ⅳ.①P737.172

中国版本图书馆CIP数据核字（2021）第234969号

责任编辑：程净净
责任印制：安　森

海洋出版社　出版发行

http://www.oceanpress.com.cn

北京市海淀区大慧寺路8号　邮编：100081
鸿博昊天科技有限公司印刷　新华书店发行所经销
2021年10月第1版　2021年10月北京第1次印刷
开本：787mm×1092mm　1/16　印张：7.25
字数：200千字　定价：88.00元
发行部：010-62100090　邮购部：010-62100072
海洋版图书印、装错误可随时退换

前　言

山东半岛以其知名的"阳光、沙滩、海浪"自然禀赋成为现代社会主要的旅游休闲目的地，对滨海旅游业发展贡献巨大。位于山东半岛南岸的海阳市，依山傍海、水秀峰奇，拥有以沙细坡缓水清著称的万米海滩、国际沙雕艺术公园、国家级森林公园、云顶竹海等旅游资源。2015年10月9日，万米海滩成功入选首批"国家级旅游度假区"，对海阳市滨海旅游业发展贡献巨大。

近几十年来，全球气候变暖和沿海地区高强度人类开发活动，给自然海岸造成了严重的冲击，一方面导致了海岸严重侵蚀，直接影响到沿海地区生活环境、人民生命财产安全和海滩资源质量等；另一方面，人工岸线急速增长，形成了另类的钢筋混凝土"万米海岸线"。海滩资源的管理保护和修复面临巨大的压力和挑战，海阳万米沙滩亦如此，其目前正遭受严重的海岸侵蚀灾害威胁，四成以上的海滩处于侵蚀-严重侵蚀状态，年侵蚀强度最大的区域超过10 m，海滩侵蚀速率和侵蚀量均呈现出逐年加重的趋势，对万米海滩资源可持续利用产生了严重威胁。

党的十八大以来，海滩管理与保护修复步入了新的历史时期。海阳万米海滩是国内最知名的海滩浴场之一，十分有必要开展长期系统的海岸侵蚀灾害监测，摸清万米海滩海岸侵蚀的主导因素，模拟演变过程，预测海岸的变化趋势和演变特征，从而有针对性地提出生态保护与修复措施，实现可持续发展。在此背景下，针对海阳万米海滩现状、问题和发展态势，从推动山东半岛海滩资源科学管理和有效保护利用的初衷出发，特编写此书。此举对正确认识海滩资源稀缺性和重要性具有重要意义。

　　本书基于研究团队过去多年的砂质海岸侵蚀调查和海滩修复相关的项目成果，总结编著而成。本书共分8章，以大量实测数据为基础，阐述了我国砂质海滩侵蚀概况和侵蚀原因，从砂质海岸变迁、泥沙来源变化、海滩侵蚀量化计算、人类活动对水沙动力环境影响和砂质海岸侵蚀防护措施等方面分析了山东典型万米海滩的侵蚀特征和防护建议。主要内容如下：第1章介绍我国海岸侵蚀总体情况，砂质海岸侵蚀的主要原因，山东省主要砂质海岸侵蚀概述和主要海滩侵蚀防护工程简介；第2章说明海滩侵蚀调查手段和数据分析方法；第3章阐述了海阳市的自然地理概况；第4章基于DEM数据构建了研究区的土壤侵蚀模型，量化分析了区域侵蚀量；第5章从海岸线变化和海滩剖面变化系统分析了研究区海滩侵蚀特征，并分段开展了侵蚀量化计算分析；第6章应用二维和一维数值计算模型，基于多情景计算分析，阐明了人类活动对砂质海岸区域水沙动力环境的影响，揭示了研究区砂质海岸侵蚀的主要原因；第7章在前文资料分析和数值计算的基础上，针对性地提出了海滩侵蚀防护措施；第8章为本书的结论部分。本书基于多年调查实践，从横纵两方面总结了万米海滩的演变特征，对于山东半岛海滩保护与管理具有一定的借鉴意义和指导意义。

　　本书的出版得到了山东省烟台市、海阳市海洋局等其他单位的鼎力支持，调查团队和编写组为本书的出版付出了辛勤劳动，在此一并表示衷心感谢。

　　囿于作者水平所限，书中难免错漏和不足，敬请广大读者指正。

作　者
2021 年 8 月

目　录

第1章 我国海岸侵蚀概述

1.1 海岸侵蚀基本概念

我国将海岸侵蚀定义为：由自然因素、人为因素或者两种因素叠加而引起的海岸线位置后退或岸滩（包括海滩或潮滩）下蚀。海岸侵蚀速率或强度指每年受蚀岸线后退的距离，或潮间带和潮下带底床下切的深度。而海岸侵蚀多年总量的累计为海岸侵蚀幅度（王文海和吴桑云，1993；季子修，1996）。

为了对比海岸侵蚀的强弱，海岸带研究人员在整合各类调查资料的基础上，制定了不同的定量分级标准（夏东兴等，1993；蔡锋等，2008；王广禄等，2008；李兵等，2009），并在全国海岸侵蚀研究工作中广泛使用（表1.1和表1.2）（国家海洋环境监测中心，2018）。

表1.1　海岸侵蚀强度分级

强度级别	岸线后退速率 $S/$（$m \cdot a^{-1}$）		滩地下蚀速率 $P/$（$m \cdot a^{-1}$）
	砂质海岸	粉砂淤泥质海岸	
轻侵蚀	$S<1$	$S<5$	$P<5$
中侵蚀	$1 \leqslant S \leqslant 2$	$5 \leqslant S < 10$	$5 \leqslant P < 10$
强侵蚀	$2 \leqslant S < 3$	$10 \leqslant S < 15$	$10 \leqslant P < 15$
严重侵蚀	$S \geqslant 3$	$S \geqslant 15$	$P \geqslant 15$

表1.2　海岸稳定性分级标准

稳定性	海岸线位置变化速率 $r/$（$m \cdot a^{-1}$）		岸滩蚀淤速率 $s/$（$m \cdot a^{-1}$）
	砂质海岸	淤泥质海岸	
淤涨	$r \geqslant +0.5$	$r \geqslant +1$	$s \geqslant +1$
稳定	$-0.5 < r < +0.5$	$-1 < r < +1$	$-1 < s < +1$
微侵蚀	$-1 < r \leqslant -0.5$	$-5 < r \leqslant -1$	$-5 \leqslant s \leqslant -1$

稳定性	海岸线位置变化速率 $r/$（$m \cdot a^{-1}$)		岸滩蚀淤速率 $s/$（$m \cdot a^{-1}$)
	砂质海岸	淤泥质海岸	
侵蚀	$-2<r\leqslant-1$	$-10<r\leqslant-5$	$-10<s\leqslant-5$
强侵蚀	$-3<r\leqslant-2$	$-15<r\leqslant-10$	$-15<s\leqslant-10$
严重侵蚀	$r\leqslant-3$	$r\leqslant-15$	$s\leqslant-15$

1.2　我国砂质海岸侵蚀原因

造成砂质海岸侵蚀的原因非常复杂。整体而言，河流供沙减少、海岸带采砂量增加、海平面上升和海岸工程是我国目前海岸侵蚀加剧的主要原因。近十年来，高位池养殖的迅速发展也是导致砂质海岸侵蚀的重要因素。红树林等生物护岸植被的破坏、珊瑚礁的破坏退化、风暴潮的增强、沿岸地面沉降等因素也加剧了海岸侵蚀。不同岸段的海岸侵蚀往往受到多种原因的共同作用，体现出不同的空间差异特性，但总体来看，砂质海岸侵蚀的人为因素较多，多数为人为破坏造成的砂质海岸侵蚀（喻国华和施世宽，1985；王文海，1987；张忍顺等，2002；陈沈良等，2005）。

1.2.1　河流输沙量减少

入海河流输沙是砂质海岸的主要来源，全世界河流每年向海洋输沙达100多亿吨，其中绝大多数堆积在水深50 m以浅地区。陆架供沙亦是海岸沙的来源之一，但是在全新世海侵高潮期过后就已基本停止，海崖侵蚀供沙只在较软弱岩石岸段有作用，相比于河流供沙是微不足道的。近几十年来，河流输沙量的大幅减少，是造成全球海岸侵蚀的首要原因（王颖和吴小根，1995）。

我国改革开放以来，随着城市化进程迅速推进，河流沿岸城市雨后春笋般依水而建，显著的地缘优势加快了城市的发展。为满足城市供电、用水等需求，逐渐开始在内陆河流流域兴建大坝、水库等水利工程。河流上游水利工程的兴建虽然提供了城市发展所需的水、电资源，但也导致下游河流向海输沙通量的急剧减少。入海泥沙量减少，导致河口三角洲泥沙供给平衡遭受破坏，进而影响沿岸其他区域，区域水沙运动失衡，海岸侵蚀逐步加剧。

1.2.2 海岸带采砂增加

海岸带人为采砂是造成砂质海岸侵蚀的第二大原因，仅次于河流输沙的影响。我国滨海地区聚集了 70% 以上的大城市和 60% 以上的人口，在城市建设的巨大需求和利益驱动下，海岸带地区海滩、河口和水下大规模采砂活动泛滥。人为采砂使得沙滩和近滨的沙资源大量流失，上游输沙量无法补充其损失量。为了维持沙滩的稳定，滩面及后滨大量的沙向近滨输移，导致海滩下蚀严重，近岸海水深度加大，进而造成水动力增强。横向输沙作用使得砂质沉积物被波浪、潮流向海运移，重新塑造海滩平衡剖面，滩肩逐渐后退，最终造成海岸侵蚀。

1.2.3 海平面上升

海平面上升对海岸侵蚀过程的影响在地域上具有广泛性的特点，它的作用过程虽然缓慢，但是经过长时间的积累，其效应也相当可观。温室效应加剧、超采地下水等原因引发的地面沉降，也会进一步加剧海平面上升而导致的海岸侵蚀影响。目前，全球海平面以 $1.5 \sim 2.5$ mm/a 的速率上升，且有加速上升的趋势，一般估算在 21 世纪末海平面将上升 2 080 cm，其影响不可小觑（张绪良，2004）。

1.2.4 海岸工程破坏

海岸工程的建设，如堤坝等海岸防护工程、凸出海岸的填海造地工程、码头等交通运输工程、海上游乐场等休闲娱乐工程等改变了岸线的原始形态或走向，引起沿岸动力场改变，破坏了海岸原有泥沙运动平衡，从而造成了海岸的冲淤变化。

沿岸输沙对维持岸滩平衡有至关重要的作用。垂直于海岸的工程往往依海滩而建，构筑物阻挡了沿岸纵向输沙，破坏了原输沙链。岸滩为适应新的动力条件和海岸物质补给条件，需要建立新环境下的输沙平衡，从而造成岸线蚀退。

1.2.5 高位池养殖

高位池养殖是近些年发展起来的一种新兴养殖方式，指利用高潮线以上土地进行的海水养殖。这种方式由于效益高、收益快，近年来发展迅速，规模也越来越大，并慢慢成了无序、无度地开发，因此，频频出现毁林养虾、毁田养虾的现象。甚至导致部分地区的防护林被毁，严重影响了海防林的防护功能。许多高位虾池外缘延伸至后滨甚至前滨，在风暴潮的袭击下，虾池临海一侧基部，甚至整个虾池被破坏；在潮间带低潮面附近布设取、排水口或者取、排水管涵，大部分直接布设在海滩表面，导致单一的海滩形成分布斑点或者破碎化，进而造成海滩侵蚀。

1.2.6　其他因素

风暴潮的发生频率和强度随全球气温上升有增加的趋势，这种短时剧烈的气象环境会对海岸造成重大影响。风暴潮发生时，沿海海水会因气压剧烈变化和向岸风力增大而造成显著的增水效应，急速增大的波高进一步加大了波浪对海滩泥沙的侵蚀能量，形成向岸的横向输沙，严重时会在岸外塑造新的沙坝。在极端气候条件下，海岸地貌会在短时间内发生较大改变。如果受影响海岸具有较好的防护，海滩地貌会在常态波浪的作用下逐渐恢复。由老红砂和红土为主要物质构成的结构疏松型海岸如受极端气候影响，会造成更为严重的侵蚀。此外，红树林和珊瑚礁等护岸物种的破坏、地下水开采导致的地面沉降也是导致海岸侵蚀加剧的重要原因。

1.3　山东半岛砂质海岸侵蚀简述

1.3.1　山东半岛砂质海岸长度分布

根据"我国近海海洋综合调查与评价专项"山东省海岸带调查成果，山东半岛砂质海岸总长度约 760 km，其中半岛北岸长约 300 km，其他主要分布在半岛南岸。砂质海岸主要分布在烟台、威海、青岛和日照沿岸。

1.3.2　山东半岛砂质海岸侵蚀分布

山东半岛砂质海岸分布广泛，海滩的侵蚀退化情况相当严重，海滩养护状况不容乐观。山东省滨海沙滩共有 123 处，主要分布在日照、青岛、烟台和威海4 个地区，其中 98 处海滩遭受侵蚀的威胁，约占山东沙滩总数的 80%。除海湾内岸线处于相对稳定状态外，开敞平直的砂质海岸均遭受不同程度侵蚀破坏。山东半岛的蓬莱西海岸、荣成大西庄、乳山白沙口、海阳万米海滩、胶南沿岸和日照沿岸等主要砂质海岸的岸滩侵蚀较为严重。不断加剧的海滩侵蚀严重破坏了海滩丰富多彩的旅游活动，影响地区社会经济发展。

1.3.3 山东半岛砂质海岸侵蚀原因

据文献资料，山东半岛砂质海岸侵蚀是自然条件和人为活动干预两种影响在耦合作用下形成的。砂质海岸侵蚀主要的原因是入海沙通量的减少：沿海泥沙输入量小于输出量时会打破岸滩输沙平衡，从而产生岸滩侵蚀现象。侵蚀强度一般取决于两个方面：一是海岸动力状况，二是海滩稳定性的失衡程度。海岸侵蚀自然因素包括中长期因素和短期因素。一般而言，越是长期影响的因素，其影响的外部表征就越隐蔽，越是短期影响的因素，其影响的外部表征就越明显。海岸侵蚀因素可以归纳为不同的时间尺度：长时间尺度影响因素包括全球气候变化、地壳构造下沉、海平面上升；中短期影响因素包括季节更替变化影响、海岸工程构建、极端气候引起的风暴潮、近岸掠夺性采砂等。海岸侵蚀就是在这些具有趋势性的长期因素和突发性的短期因素的叠加下发生的。随着经济发展的速度日益加快，人类活动对海岸水沙动力环境扰动越来越大，中短期内的人类活动影响已成为海岸侵蚀的主要因素。

1.4 山东半岛砂质海岸保护工程概述

1.4.1 砂质海岸保护工程分类

海岸保护工程可分为硬工程护岸和软工程护岸。硬工程包括修建海堤、丁坝、防波堤等一些传统的海岸建筑物。硬工程表现出的是对其所在海域动力环境的一种排斥并非适应环境本身，而软工程即向海滩抛沙，同时辅以丁坝或离岸坝等硬工程护沙滩，达到增宽和稳定海滩目的的工程。因此，以人工养滩为主的软工程作为一种环境友好的工程措施得到了国内外的广泛认可。当前海滩的养护工程多是硬工程和软工程相结合的养护方式。

海滩养护的设计可分为平面设计和横断面设计。平面设计多是根据静态岬湾平衡理论，借助人工突堤或离岸堤，构建静态平衡岬湾的布局，即借助人工岬角创造稳定海岸形态。横断面设计是补滩施工和计算抛沙量的关键，决定养滩工程的成功与否，其可分为超砂法和平衡剖面法。超砂法通过确定一个超填沙系数来反映在不同填沙粒径下，确定海滩需超填的沙量。典型养护设计方案包括不同宽度滩肩和沙丘高程的组合；滩肩宽度和高程，沙丘高程、顶宽和边坡的确定。对于养滩技术层面，有学者根据国外经验，指出 3 个较好的抛沙位置：抛沙于后滨上，构筑滩顶沙丘链；抛沙于高潮滩肩及其前坡上，构筑高而宽的滩肩和前坡；抛沙于滨外浅水区，构筑岸外潜沙坝。海滩抛沙的粒级组成与波浪力相应，强浪以粗砂和砾石为主；弱浪则以中砂和细砂为主。

1.4.2 山东半岛砂质海岸保护工程简介

山东省的社会经济在近几十年得到了快速的发展，然而经济发展与资源环境的矛盾日益突出，并且普遍存在过度开发近岸沙滩的现象，导致众多优质的滨海沙滩资源遭到严重破坏，沙滩泥沙的运移规律被打破，许多沙滩逐渐萎缩甚至消失殆尽。早在 20 世纪 70 年代，山东省就已开展了初级的抛沙养滩工作，但规模都太小，同时缺乏理论指导，当时成功的例子较少。

在青岛第二海水浴场，为改善沙滩的侵蚀现状，曾修筑两条丁坝消浪，并于每年夏初向高潮线一带抛沙约 $0.1 \times 10^4 \sim 0.2 \times 10^4 \ \mathrm{m}^3$。无论是辅助的丁坝工程还是抛沙的性质和用量都没有经过很好的规划设计，泥沙向海输运能力增强，更无法抵挡大风浪天气的袭击，以致必须连年抛沙以维持沙滩的宽度。

在烟台大学海水浴场选择直接抛沙的方式，并无辅助工程，同时该处养滩用沙无论颜色还是粒径均与原沙滩沙相差甚远。因此，养滩后沙滩遭遇了泥沙流失的问题，而且滩面被冲刷后，颜色斑驳杂乱，海滩质量下降较大。

与人工抛沙养护沙滩的方式相比，硬工程由于见效快、造价相对较低而得到了广泛的应用，一段时期内成为主要的沙滩保护方式，短期内也确实起到了很好的效果。但由于缺少建设前的科学论证和对建后沙滩演变的预测，硬工程带来了更多问题而逐渐被放弃。

山东省正式的养滩工程应从 2003 年算起。2003 年，青岛市实施了位于汇泉湾的第一海水浴场改造工程。青岛第一海水浴场沙滩为岬间袋状沙滩，波浪力较弱，但面向外海，近十余年来，沙滩变窄，滩坡变陡，沙滩粗化，沙滩和浴场的游客接纳容量减小。青岛市政府于 2003 年 12 月投资百万元对该沙滩实行抛沙改造，在长 500 m 的滩面上一次性抛沙 $1.2 \times 10^4 \ \mathrm{m}^3$，未建造辅助硬工程，干滩由 40 m 增至 70 m，较好地满足了浴场旅游业的发展，第二年夏天滨海沙滩游客达 150 万人次，仅浴场收入就达到 500 万元，所修复沙滩至今未见显著的侵蚀现象。

2006 年，龙口市建造了山东省第一条人造滨海沙滩——月亮湾，长约 620 m，由东北和西南两侧修建的人工岬角（丁坝）环抱。由于随意抛沙，并且沙滩的平面形态也没有很好的设计，该沙滩在建设之初并未处于平衡状态，历时 5 年的自然调整之后,该沙滩终于演化到平衡状态。

2011 年,威海市启动了九龙湾沙滩修复工程。九龙湾位于威海湾的底部,由于多年来海水养殖造成周边海洋生态环境的破坏,以及随着九龙湾附近涉海工程建设,九龙湾原浴场沙滩大面积流失:人工湖外侧靠近九龙桥处沙滩消失长度约 30 m,景观石基础外露;九龙河口处沙滩已基本消失;九龙河东侧海岸长近 3 km,宽 100 m 的沙滩受损较为严重,老地层出露,防护林倒伏,沙滩面临消失的危险。通过本工程的实施,恢复与重建该区域滨海沙滩,形成以海岸保护、景观和休闲为主要功能的生态示范区。实施方案为使用丁坝、T 形坝和离岸堤对海湾进行保护,抛沙 $15 \times 10^4 \ m^3$,养护沙滩长度 3.5 km。该沙滩修复效果较好,是山东省第一例成功修复基本消失的滨海沙滩的工程。

1.5 烟台市海阳市砂质海岸概况

海阳市位于山东半岛东南部,烟台市境南部,地跨 $36°16'$—$37°10'$ N,$120°50'$—$121°29'$ E,东邻乳山、牟平,西接莱阳,北连栖霞,南濒黄海,西南隔丁字湾与即墨相望。

海阳市海岸线西起丁字湾西北岸的莱阳市与海阳市交界处,向东至乳山湾西南侧官厅嘴附近,海岸线总长度约 230 km,砂质海岸线共长约 120 km。海岸类型自西向东依次为泥质海岸、砂质海岸和基岩海岸,著名的万米沙滩分布在马河港至海阳港之间。本研究关注的砂质海岸西起丁字湾口,东至海阳核电厂,是海阳市海滩旅游活动较为集中的区域,长度约 37 km(图 1.1)。

近年来,除受全球海平面上升的影响外,海阳市优质的砂质海岸还受到沿岸人类活动的影响。在研究区的沿岸或近岸建设了大量海岸工程,区域的水沙动力环境发生变化,多年的海滩侵蚀监测结果表明,海滩的天然均衡态势遭到破坏,局部岸段出现海滩冲蚀、滩面下蚀的现象,影响了海滩的发育、滨海浴场质量和优美的海岸景观(图 1.2)。因此,海阳市优质的砂质海岸正遭到侵蚀的威胁。

图1.1　研究区沙滩分布（图中红线所示）

图 1.2　海阳市沙滩侵蚀情况（拍摄于 2016 年 4 月）

第2章 技术路线和数据处理

2.1 技术方案

采用现场观测、资料分析和数值计算的手段，研究海阳典型砂质海岸侵蚀和保护措施，具体技术路线如图 2.1 所示。

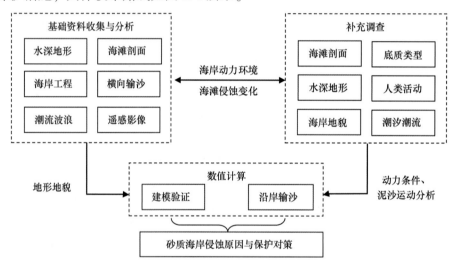

图 2.1 技术路线

首先，开展研究区域的基础资料收集与分析工作，收集水文、地质、遥感等历史监测资料和相关文献研究资料，掌握本区的区域地质环境、水文环境特征；然后，在此基础上开展海岸线、底质、海滩剖面、水文等补充调查，以分析研究区最新的海岸侵蚀特征；最后，结合数值模型计算研究人类活动对区域水沙运动环境的影响及防护方案，发现本区的海岸侵蚀原因，提出相关防护对策。

2.2 方法与数据

2.2.1 控制测量

海岸地形监测的目的是通过对同一区域或断面的重复测量来获取海岸的地

形变化。为了满足与历史资料相衔接的要求，海阳重点海岸砂质海岸监测的坐标系采用2000国家大地坐标系（CGCS2000），投影采用横轴墨卡托投影UTM，中央经线：121°12′E；高程基准为CGCS2000椭球高，通过山东省连续运行参考站（CORS）精化大地水准面转换为1985国家高程基准。

由于测量区域较大，为了保证整体精度控制，控制测量分为首级控制和二级控制。其中，首级控制所选取的控制点可作为后期控制测量的起算点；二级控制点为各条断面的测量控制点。

2.2.1.1 首级控制

首级控制按照D级GPS控制点要求进行观测和解算，采用与山东省连续运行参考站（CORS）进行同步观测的方案。首级控制总共布设5个控制点（图2.2），其中LS和JJA两个控制点布设在基岩上（图2.2），作为二级控制的基础；DZZ、RGD和DXJ均布设在岸边，作为水深地形测量的验潮点。

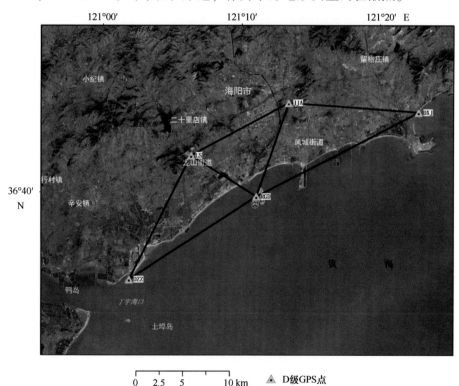

图 2.2 D 级 GPS 控制点分布

山东万米海滩侵蚀特征与防护

2.2.1.2 二级控制

二级控制在首级控制的基础上，按照 E 级 GPS 控制点测量要求进行观测和解算。二级控制点一般布设在监测断面的起点附近，方便在断面监测时进行比对验证。二级控制点测量方式是，每一个二级控制点独立与 LS 和 JJA 两个首级控制点进行组网观测和解算。每个点的高程由山东省 CORS 计算所得。将两台全球导航卫星系统（GNSS）设备（图 2.3）架设在 LS 和 JJA 两个首级控制点上，另一台 GNSS 设备架设在二级控制点上，每个二级控制点与 LS 和 JJA 两个首级控制点组成三角网，分别计算各个控制点的大地坐标（图 2.4 和图 2.5）。

图 2.3　GNSS 静态测量现场

2.2.2　海岸线监测

海岸线监测范围主要位于东村河口（羊角畔）两侧区域（每侧各监测砂质岸线 10 km），共计 20 km 的砂质岸线。海岸线界定为平均大潮高潮时所形成的海陆分界线，一般可以通过岸滩上的痕迹来进行现场测量。但通过该方式进行现场测量所获取的海岸线受人为因素影响较大，本次研究将获取的平均大潮高潮面（小范围一般为平面）与地形表面（一般为不规则曲面）相交的交界线认定为海岸线。海岸线监测技术流程如图 2.6 所示。

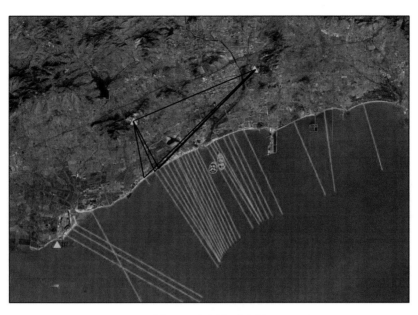

图 2.4 组网方式布置

图 2.5 二级控制点现场埋桩和观测

2.2.2.1 平均大潮高潮位高程计算

本次海岸线监测主要是根据海滩大面测量数据，以平均大潮高潮面与海滩面的交线来确定。平均大潮高潮面根据长期潮汐资料计算获得。通过计算得到

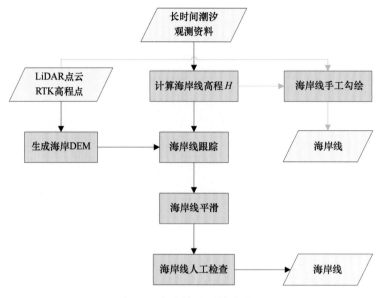

图 2.6 海岸线监测技术流程

该区域的平均大潮高潮面的 1985 国家高程为 1.72 m，并且该值固定。

海滩面地形监测的方式主要采用了 GNSS RTK（全球导航卫星系统的实时定位）人工测点、TLS（基站或激光扫描）扫测和 UAV（无人机）搭载 LiDAR（激光雷达）或相机 3 种方式。海岸线解译由计算得到的平均大潮高潮面（MH-HW）的高程对测量获取的地形点云数据进行海岸线提取。可以采用 DEM 分割法、等高线跟踪法等自动获取海岸线，该方法根据高程值自动跟踪和获取。由于点云精度等因素影响，会造成海岸线毛刺较多，需要采用平滑算法进行平滑处理。

2.2.2.2 地形测量

潮间带地形采用 GNSS RTK 人工测点、TLS 扫测和 UAV 监测等技术方法。

1）GNSS RTK 人工测点

2016 年 4 月，采用 GNSS RTK 人工测点的方式对羊角畔两侧的海滩面地形进行监测，图 2.7 所示为海滩面地形监测的现场工作照。测量时根据地形的复杂程度进行取点，平坦的区域按照 10 m 间距，地形复杂的区域，在拐点处进行加密测量（图 2.8）。

图 2.7 海滩地形 GNSS RTK 人工测点

图 2.8 万米海滩附近测量轨迹分布

2) TLS 扫测

2016 年 10 月,采用 TLS 对羊角畔两侧区域的海滩面进行扫测,获取滩面地形(图 2.9 至图 2.11)。测量过程中,根据 TLS 的精度、滩面地形分布等要素,合理布设测站,在保证点云密度和精度的情况下,以提高工作效率。

3) UAV 监测

2017 年 7 月,UAV 分别搭载 LiDAR 和相机对东村河口(羊角畔)两侧的区域进行遥测(图 2.12 和图 2.13)。搭载 LiDAR 的 UAV 系统可以直接获取海滩面的点云数据,再由点云数据构建 DEM;搭载相机的 UAV 系统在测量时需要在地面人工布设靶标(图 2.14),UAV 获取高重叠度影像后,采用 PhotoScan 软件生成密集点云，在此基础上构建 DEM（图 2.15）。

图 2.9　TLS 调试

图 2.10　船载激光扫描

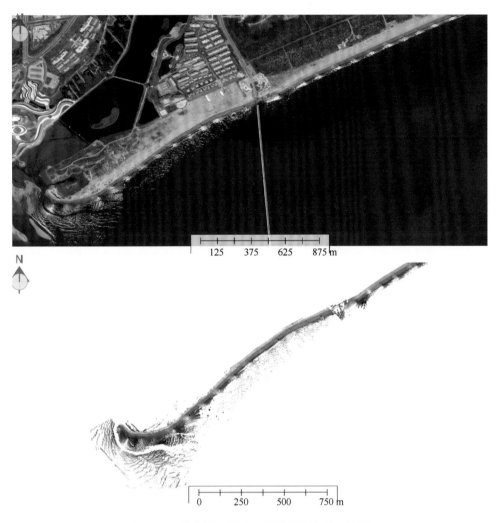

图 2.11 羊角畔东侧 TLS 现场获取的点云数据

图 2.12　UAV 搭载 LiDAR 地面工作现场

图 2.13　无人机遥测设备

图 2.14　像控点分布和现场布设

图 2.15　UAV 系统获取的点云数据（上图为相机获取，下图为 LiDAR 获取）

2.2.3　剖面高程和水深测量

断面测量采用基于山东省 CORS 系统的 GNSS-RTK 设备。为了保证测量精度，测量前后在附近控制点上进行比测，其中平面位置优于 3 cm，垂直方向优于 3 cm；沿着布设好的断面，进行剖面测量，保证每个测量点偏离设计测线不超过 10 cm（许亚全等，2007）。每个监测剖面的起点位于设定好的标志桩（图 2.16 和图 2.17），确保每次监测的位置精确，调查人员手持 RTK 沿预测路径实施剖面高程测量（图 2.18）。

图 2.16　标志桩布设工作照

图 2.17　海滩剖面标志桩设立

断面水深地形测量采用常规的单波束测深仪，定位采用基于山东省 CORS 系

图 2.18 潮间带剖面监测

统的 GNSS-RTK 设备，通过导航软件沿设计断面线进行。水深地形测量的同时，在岸边 D 级 GPS 控制点附近同步验潮（图 2.19 和图 2.20）。

图 2.19 测深仪安装与测试

2.2.4 航空影像拍摄

为获取海阳市典型砂质海岸的整体概况以及沿岸海洋工程建设和养殖等人类活动行为情况，采用无人机航拍的方式，获取了海滩大范围影像图（图 2.21 至图 2.23）。

图 2.20　无人船工作中

图 2.21　海阳市砂质海岸航拍影像（拍摄于 2017 年 9 月）

2.2.5　沉积物监测

沉积物监测依据《海岸侵蚀灾害损失评估技术规范》，在每个取样站（包括海滩和潮下带）取样后，在实验室进行粒度分析（图 2.24 和图 2.25）。采用筛析法加沉析法（吸管法），即综合法。筛析法适用于粒径大于 0.063 mm 的沉积物，沉析法适用于粒径小于 0.063 mm 的沉积物。当粒径大于 0.063 mm 的沉积物大于 85%或粒径小于 0.063 mm 的沉积物占 99%以上时，可单独采用筛析法或

图 2.22 连理岛与羊角畔航拍影像（拍摄于 2017 年 9 月）

图 2.23 羊角畔西段海滩航拍影像（拍摄于 2017 年 9 月）

沉析法。用自动化粒度分析仪（如激光粒度分析仪）分析沉积物粒度，应与综合法、筛析法和沉析法对比合格后方能使用。

沉积物分类和命名一般应采用谢帕德的沉积物粒度三角图解法。深海沉积物分类和命名采用深海沉积物三角图解分类法。对样品中少量的未参与粒度分析的砾石、贝壳、珊瑚、结核和团块等，用文字加以说明，或在编制沉积物类型图时，用相应的符号加以标记。粒度参数采用福克和沃德公式计算。

2.2.6 水文泥沙调查

2017 年，在研究区实施 6 个站位潮汐潮流和悬沙调查（图 2.15）。采用连续 25 h 观测的技术方法，使用小阔龙海流计获取流速和流向；同步在表层、中

图 2.24　潮间带沉积物取样工作照

图 2.25　沉积物粒度测试分析

层和底层采水，通过双膜法过滤称重得到悬沙质量浓度；并在两个测站（3#测站和6#测站）布设潮位计同步观测潮位（图 2.26 和图 2.27）。

2.2.7　数值计算

为获得人类活动对水沙动力环境的影响，通过建立二维潮流波浪模型和一维海岸演变模型，计算了本区海流分布特征和典型风浪分布特征以及羊角畔两侧海滩的沿岸输沙率，对比分析了连理岛建设前后对局部沿岸输沙的影响，在

图 2.26 潮汐潮流悬沙观测站位

图 2.27 潮流泥沙观测现场照片

此基础上，提出砂质海岸防治侵蚀措施。

第3章　海阳市自然地理概况

3.1　气候与气象

海阳市地处北温带，属大陆性海洋季风气候区，四季分明，冬无严寒，夏无酷暑。冬季多偏北风，夏季多偏南风；春、秋两季是南北风转换交替出现的季节，春季偏南向风占优；秋季偏北向风占优。

海阳市气象站在1959—1974年设在龙塘埠，地理坐标为36°46′N，121°12′E，海拔高度为23.2 m。气象站于1974年移至市区海政路188号，距离海阳港约7 km，地理坐标为36°46′N，121°10′E，海拔高度为65.2 m。本研究主要利用该站1959—2006年统计和分析资料。

3.1.1　气温

海阳市1959—2006年多年的平均气温为11.9℃；年平均最高气温为16.5℃，最低为7.6℃。

累年各月平均气温的年变化表明，最低平均气温出现在1月，为−6.3℃；随后逐渐升高，8月达到年最高平均气温，为28.7℃；9月气温开始急剧下降。若按季节平均，春季（3—5月）、夏季（6—8月）、秋季（9—11月）和冬季（12月至翌年2月）的平均气温分别为10.6℃、23.5℃、14.1℃和0.6℃。

各月平均最高气温和最低气温的年变化与平均气温的年变化规律是完全一致的。

极端最高气温为37.6℃（1997年7月），极端最低气温为−16.3℃（1966年2月）。

3.1.2　降水

3.1.2.1　降水量

海阳市多年平均降水量为732.5 mm，最多年份为1 661.0 mm（1964年）；

最少年份仅为390.7 mm（1981年）。一年中6—9月降水量可达526.9 mm，占全年降水量的71.9%，其中7—8月为全年降水最多的月份（平均分别为184.9 mm和193.6 mm），占全年降水量的50%以上。冬季降水量仅有20.9 mm，占全年降水量的2.9%。

1959—2006年，日最大降水量为254.2 mm，出现在1977年8月7日。

3.1.2.2　降水日数

海阳市日降水量不小于0.1 mm的降水日数平均每年为86.7 d，最多年份为105 d，最少年份为65 d。最长连续降水日数为16 d（1990年7月10—25日），降水量为231.6 mm；最长连续无降水日数为66 d（1988年1月5日至3月10日）。年平均暴雨日为3.2 d。

3.1.2.3　降雪

降雪是冬季降水的主要形式。1959—1993年，海阳市的年平均降雪日数为13.3 d，最多年份为32 d，最少年份仅为2 d。降雪最早出现在10月23日，一般在11月20日以后开始至翌年3月17日结束，最晚可延至4月28日。年平均积雪日数为11.1 d，最多年份为35 d，最少年份仅为1 d。

积雪最早出现在10月28日，一般从12月7日开始至翌年2月27日结束，最晚可延迟到4月3日。积雪的最大厚度为12 cm（1969年2月16日和1980年12月9日）。

3.1.3　海雾

海阳市位于南黄海海雾中心区的西边缘。海雾种类主要为平流雾。出现海雾的时间主要为3—8月，其中4月为海雾最多的月份；9月至翌年3月很少出现海雾。

以水平能见度不大于1 km雾日数统计，1959—2006年，海阳市的年平均雾日为23.9 d，最多年份为44 d，最少年份为8 d。海雾多出现在傍晚到次日早晨，中午前后时段基本消散。

3.1.4　雷暴

在盛夏季节由于空气的对流活动激烈，时有雷暴发生，并伴有较强的降雨过程。根据1959—2006年的资料统计，一年中4—10月均出现过雷暴，平均出现雷暴日数为 24.9 d，最多年份达 31 d（1990 年和 1994 年），最少年份有 13 d（1999 年）。

3.1.5　风

海阳市地处东亚季风区，不同的季节有不同的盛行风向和不同的强度；冬季盛行偏北风，主要为 WNW 向、NW 向、NNW 向、N 向和 NE 向风，夏季盛行偏南风，主要为 S 向、SE 向和 SSE 向风。春季和秋季为风的转化季节，春季偏南风多于偏北风，而秋季恰好相反。从风的强度来看，冬季和春季风力较大，夏季和秋季风力较小。

根据海阳市气象站多年（1959—2006 年）风资料的统计，分别对风向频率、平均风速及最大风速进行分析和说明。

3.1.5.1　风向

海阳市冬季盛行的偏北向风，WNW 向和 NW 向的频率分别为 9% 和 8%，这两个方向亦为本区的常风向；NNW 向和 S 向，出现频率为 7%，为次常风向。SW 向风最少，频率仅为 2%；而静风频率高达 18%。

海阳市风的季节变化十分明显。冬季主要盛行 WNW—NNW 向风，12 月、1 月和 2 月的平均出现率分别为 42%、32% 和 34%；3 月随着北方冷高压的减弱，WNW—NNW 向风的出现频率为 24%，S 向风增至 7%；4—8 月由于受大陆热低压控制，盛行 S—SSE 向风，各月的出现率在 16%～27%；9 月北方冷高压开始形成，盛行风向转为 NNW 向和 NE 向，其出现率分别为 9% 和 10%；10—11 月随着北方冷高压的加强，WNW 向和 NNW 向风的出现频率分别增至 27% 和 36%。

3.1.5.2　平均风速

海阳市累年平均风速为 3.2 m/s，其中以 SSW 向和 WNW 向平均风速最大（4.4 m/s），E 向、SW 向和 WSW 向风速最小，平均值仅为 2.8 m/s。

各向平均风速 4 月最大，为 3.7 m/s；8 月和 9 月最小，为 2.6 m/s。各月各向的平均风速，1—5 月以 WNW 向风最大，为 4.4～5.5 m/s；7—10 月以 S 向和 SSW 向风最大，为 3.8～5.0 m/s；而 6 月和 11—12 月以 SSW 向平均风速最大，为 4.1～5.0 m/s。

3.1.5.3　最大风速

全年以 NW 向风最大，最大风速达 22 m/s，SW 向和 WSW 向风最小，最大风速仅为12 m/s。

从季节变化来看，冬季各月以NNE向风最大，最大风速为19 m/s，春季NW向、W向、NE向和NNE向风均为20 m/s；夏季以WNW向和NW向风最大，最大风速为16 m/s；秋季以NW向风最大，最大风速为22 m/s。由此可见，海阳港及附近地区全年各季均以偏北风为最大风速，全年强风向为NW向，最大风速为22 m/s。

春季常风向为S向和SSE向，频率为8%；次常风向为WNW向，频率为7%。夏季常风向为SSE向，频率为12%；次常风向为S向，频率为11%。秋季常风向为WNW向和NW向，频率为10%；次常风向为NNW向，频率为9%。冬季常风向为WNW向和NW向，频率为13%；次常风向为NNW向，频率为10%。就全年来看，常风向为WNW向，次常风向为NW向，频率分别为9%和8%。

1971—2006年间测得的极端最大风速为26 m/s，风向为SSE向，出现在1985年9月9号台风期间，该台风于1985年8月19日在青岛地区登陆，登陆时青岛的瞬时风速达35 m/s，最大风速在30 m/s左右。

3.1.5.4 历年（1980—2006年）逐月最大风速及风向

海阳站1980—2006年的最大风速绝大多数发生在偏北方向上，在夏半年偶有偏南向的最大风速发生，但其量值要小于偏北向的大风。另外，在有台风或强热带气旋发生时，当台风越过山东半岛北上时，其风向多变为偏东北方向，因此，该地区无论是冬季还是夏季，较强的大风均来自偏北向，绝大多数为WNW—NE向。

3.1.5.5 大风日数

大风日数系指风力不小于8级（风速≥17 m/s）出现的日数。1959—1993年共35年间，海阳市累年平均大风日数为27 d，最多年份为50 d，最少年份为8 d。此外，从累年各月平均来看，以2—4月大风日数最多，为3~4 d；夏季最少，各月平均出现1 d。

3.1.6 主要灾害性天气

3.1.6.1 寒潮大风

寒潮是秋季和冬季主要大风天气系统。此类大风强度大，一般为7~8级，海上最大可达9~10级；持续时间长，一般2 d以上；影响范围大。寒潮入侵时，造成大风、阵风和气温急降的天气。统计2005—2014年10年的资料，影响山东半岛的寒潮共有32次，其中8级以上大风17次，占53.2%。其中以NNW向、NW向和N向大风最多，出现11次，占68.8%，其次是NNE向风，占22%。寒潮造成的48 h降温范围一般在15℃以内。大风会引起沿岸增水或减水，就本研究区来讲，寒潮大风基本为离岸风，在近岸海域一般不会造成具有破坏性的大浪。在远海，持续大风的作用下，往往会形成长周期的涌浪与风浪的相互叠加，而形成较大的混合浪（张绪良，2014）。

3.1.6.2 气旋

气旋大风是春季主要大风天气系统，是由蒙古至东北地区的气旋发展而造成的西南大风，强度一般在6~8级，最大可达9~10级，持续时间一般在1~3 d。当气旋东移时，转为偏北大风，风力常小于气旋前部的西南向大风。

3.1.6.3 台风（强热带风暴）

影响海阳市的台风主要出现在夏季和秋季，平均每年约有一次，沿西北方向运动的台风有可能进入黄渤海（图3.1）。当台风中心穿过山东半岛或在山东半岛以东向北行进时，其风力可达8~12级，引发狂风暴雨及海上巨浪，危害甚大。当台风在南黄海中部时，风向多为偏南风；随着台风中心向山东半岛地区移动时，台风逐渐向偏东方向转移（多为ESE向、E向或ENE向）；当台风跨过山东半岛进入渤海或北黄海时，对于半岛南部沿海地区来说，台风的方向往往变成偏东北向（即为NE向或NNE向）。此时，研究区一带海域往往产生偏南向涌浪与偏东北向风浪相叠加的混合浪。

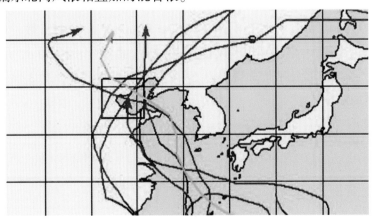

图3.1　历史上进入黄渤海的台风行进路径

根据 35 a 的统计资料，影响半岛南部海域的台风共有 38 次，未出现台风的年份为 9 a，占总年数的 24%，台风造成本区 8 级以上大风 9 次，阵风大于 12 级 1 次。据统计，在石岛发生最大的一次台风过程，出现在 1972 年 7 月 26 日上午，7203 号台风从济州岛移至山东半岛，15：00 在山东半岛荣成市登陆，然后穿过半岛，当日 20：00 进入渤海，26 日 14：00，风力达 12 级以上，定时观测风速为 34 m/s，是多年的最大风速，气压为 972.5 hPa，是多年的最低值。

台风过境时所产生的风、涌混合浪对海岸工程具有极大的破坏力，往往造成港口码头和防波堤的损坏，所产生的风暴潮淹没近海养殖、农田及近岸工农业设施，对沿海产业及人民的生命财产带来极大危害。

3.1.6.4 极端台风过程及灾害个例

根据历史资料，对山东半岛南岸造成重大灾害的极端台风在 1939—2005 年主要有 7 个（图 3.1）。

1939 年 8 月 22 日台风（当时还未有台风编号机制）在太平洋中部（14°N，139°E）生成，9 月 1 日台风在青岛薛家岛附近登陆。据当时占领青岛的日本当局调查报道，"损失颇巨，灾情惨重"。台风登陆时的瞬时最大风速为 40.3 m/s。经后报，小麦岛附近 $H_{1/10}$ 波高达 8 m。

1956 年 12 号台风于 8 月 1 日在浙江象山一带登陆，登陆时的最大风速为 65 m/s。12 号台风登陆后继续向西北方向移动，经郑州到达陕西榆林西部，变为低气压。经后报，青岛海域波向为 ESE 向，$H_{1/10}$ 波高达 7.0 m。

1981 年 14 号台风于 8 月 31 日在关岛西北洋面上生成，以 18~20 km/h 的速度向西北向移动，9 月 1 日在舟山岛外海转向并于 9 月 3 日加速穿过对马海峡而去。本次台风过程长、风速大、潮位高，最大风速 45 m/s，影响我国沿海持续时间达 42 h 之久。海阳市东侧的乳山口 9 月 1 日 4：37 增水 87 cm。海阳市凤城港风力 10 级，阵风 11 级，当时巨大的海浪撞击岸边，激起 15 m 高的浪花，海港引堤及防波堤上的挡浪墙同时受到波浪的冲击，致使路面和货场表面层全部翻起，货场上的二层小楼被连基冲毁，一台皮带机被打翻，多处高压线杆被打倒，东南及南部防堤全部被毁，造成港口停产，直接经济损失达 90 万元。

1985 年 9 号台风于 8 月 16 日在冲绳以西海域生成，于 8 月 18 日 12：00 在江苏省启东县（今启东市）登陆，登陆后继续前进，途经东海北部海面，进入海州湾。8 月 19 日 9：00 在青岛市胶南地区登陆，10：00 穿过内陆进入渤海。

9号台风经过时，青岛气象台观测到瞬时最大风速为 35 m/s。海阳市受 9号台风影响过程为：8月19日10：00—13：00，风力增大到8~9级，阵风达10级，最大风速为 26.0 m/s，极大风速为 36 m/s，风向 SE 向。潮位增高 2~3 m，岸边浪花 10 m 高，使港口一根高压电线杆被打断，码头西南护坡被海浪冲开一个长 30 m、宽 15 m、深 10 m 的大坑，对码头主体工程造成一定威胁，沿岸约 13.33 km² 土地被海水漫洪灌而受灾。

1992年16号台风产生的狂风暴雨及巨浪猛烈冲击着山东半岛的沿海地区，青岛、烟台、威海、日照、潍坊、滨州和东营等沿海地市遭受巨大损失。16号台风对海阳市的影响为：当时海上风浪较大，码头传达室大铁门被卷入海中，5 t 重的油罐移位，配电室进水，码头拐弯处 60 m 防浪墙被冲垮，水泥路面遭到破坏，码头灯塔下沉并有裂隙，外护坡有不同程度的损坏。

1997年受 11 号台风影响，海阳气象站降雨量为 287.3 mm（8月19日为 43.5 mm；20日为 134.8 mm），10 min 最大风速为 16.4 m/s，瞬时极大风速为 23.8 m/s，风向为 SE 向。

2005年受 9 号台风"麦莎"外围影响，海阳气象站观测到最大风速为 11.5 m/s，极大风速为 18.6 m/s，风向为 ENE 向。

通过以上影响海阳市的台风过程灾害个例可见，台风在不同的海区生成，但能够进入东海北部或南黄海的台风，均可影响到山东半岛的南部沿海地区，并可对沿海水工建筑物及工农业生产、海水养殖业、海上生产及航运造成不同程度的破坏和损失。

3.2 海洋水文

3.2.1 潮汐

因海阳港距离研究区较近，故研究区潮位特征引用自然资源部第一海洋研究所 2005 年编制的《海阳港水文泥沙分析报告》，海阳港水尺零点与黄海平均海平面、理论最低潮面的关系如图 3.2 所示。

本海区潮汐类型属于正规半日潮。

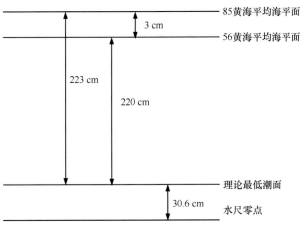

图 3.2 海阳港各基面关系

3.2.2 波浪

在海阳港周边一个正规海岸站,即乳山海洋站进行了长期的波浪观测。乳山海洋站的波浪观测站设在乳山口外东侧的南黄岛上(于 20 世纪 90 年代撤站),该岛临近大陆,距岸边约 1 km,距研究区直线距离约 34 km。乳山南黄岛站有 12 a 的观测资料,其地理位置与海岸形态与研究区相近,且测波点水域较深,可以代表研究区的波浪特征。

3.2.2.1 波型

本区以风浪为主,一年中,风浪频率占 70%,涌浪占 67%,二者相差很小。涌浪多来自外海偏南各向,且夏季最多。夏季涌浪占 93%,风浪仅占 79%。风浪以春季和夏季较多,频率分别为 71% 和 79%。另外,纯涌浪几乎没有,主要是以风浪为主,其次是以涌浪为主的混合浪。以风浪为主的混合浪也很少,仅为 6% 左右,纯风浪在一年中占近 70%。

3.2.2.2 累年各向波要素的统计

研究区平均波高较大,介于 0.5~0.8 m,偏南各向(SE—SW)均为 0.8 m;N 向和 NNW 向最小,为 0.5 m;其他偏北各向均为 0.6~0.7 m。最大波高为 SE 向,为 5.8 m;其次是 NE 向,为 3.5 m;偏南各向最大波高均超过 3.0 m;其他各向为 2.0 m 左右。风浪向频率以 SW 向最多,为 7%;其次是 NNW 向,为 6%。涌浪向频率以 SSE 向最多,为 10%。最大波高和最大周期发生在 SE 向,分别为

5.7 m 和 5.1 s。

3.2.2.3 强波向与常波向

根据南黄岛各季节各向各级波高频率统计，可以看出春、夏、秋、冬四季的常波向。春季为 SSW 向，出现频率为 12.2%；夏季为 SSE 向，出现频率为 22.8%；秋季为 SSW 向，出现频率为 12.9%；冬季为 NNW 向，出现频率为 9.8%。

五级浪一般出现在夏季和秋季的 SE 向和 SSE 向，合计出现频率为 1.1%。四级浪春、夏、秋、冬四季的出现频率分别为 1.6%、3.0%、2.8% 和 0.9%。以上结果表明，秋季海浪度最大，四级浪和五级浪合计出现频率为 3.9%，其次是夏季，冬季最小。

根据以上分析，本区强波向为 SE 向，最大波高 $H_{1/10}$ 为 5.8 m，次强波向为 SSE 向，最大波高 $H_{1/10}$ 为 3.9 m。

3.2.2.4 南黄岛累年各级各向波高频率

根据南黄岛累年各向各级波高频率统计（1984—1994 年），0.1~0.5 m 的波浪频率为 41.48%，加上无浪频率为 31%，合计为 72.48%。0.6~1.0 m 的波浪频率为 18.54%；1.1~1.5 m 的波浪频率为 7.72%；1.6~2.0 m 的波浪频率为 1.08%；2.1~2.5 m 的波浪频率为 0.08%；2.6~3.0 m 的波浪频率为 0.03%，大于 3.1 m 的波浪频率为 0.06%。SSW 向浪频率为 10.7%，其次 SW 向，为 9.84%，再其次 SSE 向，频率为 8.85%，这三个方向为不同季节的常浪向。

3.2.3 海流

通常所说的海流，指实际观测到的流速和流向，其中包括潮流和余流两部分。以下主要依据本次 6 船同步水文测验得到的海流资料分析本海区海流状况和特征。

3.2.3.1 海流在平面上的分布

1）垂线平均涨、落潮流

各站实测海流均表现为较强的往复性流动，海流主流向为偏 W—E 向，其中偏 W 向为涨潮流向，偏 E 向为落潮流向。

大、小潮期间，1#~6#站垂线平均涨潮流平均流速的流向为偏 NW 向，垂线平均落潮流平均流速的流向为偏 SE 向；2#~4#站垂线平均涨潮流平均流速的流向为偏 W 向，垂线平均落潮流平均流速的流向为偏 E 向。以下讨论的均为垂线平均的涨、落潮流平均流速。大潮期除 4#站涨潮流平均流速大于落潮流平均流速外，其余 5 个测站均为涨潮流平均流速小于落潮流平均流速。小潮期 1#站落潮流平均流速大于涨潮流平均流速，4#站涨、落潮流流速相等，2#站、3#站和5#站规律与大潮期相同，为落潮流平均流速均小于涨潮流平均流速。但总体来看，两次观测期间涨、落潮流速相差很小。

在大、小潮观测中，各站大潮期涨、落潮平均流速均大于小潮期。大潮期，落潮流平均流速最大为 32 cm/s，流向为 101°，出现在 4#站表层，涨潮流平均流速最大为 37 cm/s，流向为 292°，出现在 5#站表层。小潮期，落潮流平均流速最大为 17 cm/s，流向为 94°，出现在 4#站 0.2H 层，涨潮流平均流速最大值为 18 cm/s，流向为 259°和 282°，分别出现在 2#站表层和 4#站 0.6H 层。

2）最大涨、落潮流

大潮期，垂线平均的落潮流最大流速为 42 cm/s，流向为 82°，出现在 3#站，垂线平均的涨潮流最大流速为 51 cm/s，流向为 304°，出现在 5#站。小潮期，垂线平均的落潮流最大流速为 30 cm/s，流向为 83°和 106°，出现在 4#站和 5#站，垂线平均的涨潮流最大流速为 32 cm/s，流向为 275°、277°和 274°，分别在 2#站、3#站和4#站。

各站各层涨、落潮流最大流速分布及变化趋势：大潮期，落潮流最大流速为 50 cm/s，流向为 89°和 86°，出现在 2#站表层和 3#站表层，涨潮流最大流速为 71 cm/s，流向为 292°，出现在 5#站表层。小潮期，落潮流最大流速为 36 cm/s，流向为 90°，出现在 4#站 0.6H 层，涨潮流最大流速为 42 cm/s，流向为 260°，出现在 2#站表层。

3.2.3.2 潮流性质

按《海港水文规范》，潮流可分为规则的、不规则的半日潮流和规则的、不规则的全日潮流，其判别标准为：

$$(W_{O1} + W_{K1})/W_{M2} \leqslant 0.5 \qquad 为规则半日潮流$$
$$0.5 < (W_{O1} + W_{K1})/W_{M2} \leqslant 2.0 \qquad 为不规则半日潮流$$
$$2.0 < (W_{O1} + W_{K1})/W_{M2} \leqslant 4.0 \qquad 为不规则全日潮流$$
$$(W_{O1} + W_{K1})/W_{M2} > 4.0 \qquad 为规则全日潮流$$

各站各层潮流类型判别系数为 0.16~0.30，均小于 0.5，观测海区的潮流是规则半日潮性质。

3.2.3.3　潮流的运动形式

各站的潮流椭圆率 $|K|$ 值均较小，各站各层 M_2 分潮流的 $|K|$ 值为 0.00~0.43，研究区海流以往复流为主。

因本海域是规则半日潮流，讨论潮流的旋转方向时，可以 M_2 分潮流的 $|K|$ 值变化来讨论各站各层的潮流旋转方向。因此，各站各层潮流旋转方向均为逆时针方向旋转，垂向上各层潮流的旋转方向一致。

3.2.3.4　余流

按调和分析得出观测期间各测站的余流情况。

余流流速：本次观测海域余流流速不大，除 1#站、3#站和 4#站大潮期表层余流流速小于小潮期外，其余各站各层大潮期余流流速均大于小潮期。大潮期，各站各层余流流速在 1.5~7.6 cm/s，各站各层最大余流流速为 7.6 cm/s，流向为 29°，出现在 1#站底层；小潮期，各站各层余流流速在 1.0~6.4 cm/s，各站各层最大余流流速为 6.4 cm/s，流向为 265°，出现在 2#站的表层。两次观测中，1#站大潮期余流流速最大。

余流流向：大潮期 1#站各层的余流流向基本为落潮流向，2#站和 3#站为涨潮流向，4#站和 5#站表层余流流向为偏 W 向，中层和底层为偏 N 向；小潮期 C1 站各层的余流流向基本为偏 NE 向，2#站、3#站和 4#站为偏 NW 向，5#站表层余流流向为偏 NW 向，中层和底层为偏 N 向。

3.2.3.5　悬沙

悬沙测试结果显示，研究区的悬沙含量较低，悬沙浓度普遍在 20~30 mg/L。由于天气原因，大潮期的悬沙平均浓度要小于小潮期，底质的分布对悬沙影响较大，水深较浅的站位悬沙浓度一般低于水深较深的站位。

3.2.3.6　海底沉积物

海滩上各监测站位沉积物的中值粒径平均值为 0.368 mm，平均粒径平均值为 0.365 mm；潮下带各监测站位沉积物的中值粒径平均值为 0.083 mm，平均粒径平均值为 0.032 mm。研究区海域的沉积物粒度较小，在海滩的前滨和水深小于 4 m 的水域多为细砂分布，水深大于 5 m 的水域多为黏土质粉砂分布。

3.3 沙滩概况

海阳万米沙滩位于烟台市海阳开发区，是典型的砂质海岸，属于潟湖沙坝型海岸，走向基本为东北—西南方向。海滩滩肩后为风成沙丘，海滩东部和中部修建娱乐设施，海滩西部后滨建有沙雕公园，属凤城开发区管辖。

海滩以浅黄色中砂和细砂为主，分选较好。海滩垃圾较少，整体环境质量较好。海滩厚度较大，海滩各层组分较为均一。表层含有少量较硬的砾石，并有一深黄色夹层，无明显层理；其下为粗砂，有大块砾石，从垂直发育看海滩除常态状况下的自然演化外，可能经历过风暴潮或人为干扰。

海阳万米沙滩浴场现为海阳市最大规模的海水浴场。沙滩长约 5 km，宽约 140 m，沙滩坡度 8.9°。根据浪潮作用指数，该沙滩为浪控型，但由于该沙滩潮差大，潮汐对沙滩的影响远远大于波浪作用，故发育了低潮阶地型沙滩。沙滩发育高滩肩，陡斜的滩面和宽广的低潮阶地，可见大型滩角。沙滩沉积物向海由粗变细，高潮沙滩为粗砂，低潮阶地为中砂。

根据文献资料，海阳万米沙滩整体呈弱侵蚀状态，以前多次的观测中均可见明显的侵蚀陡坎，陡坎高约 0.4 m。台风过后，海滩的中高潮带无明显的蚀淤变化，部分沙滩滩肩所呈现的凸起为台风前为减少其危害增加的人工护岸。该海滩与其他海滩相比，海滩剖面无明显变化。可能与距离台风中心最远有关，受到的影响较小，此外后滨建有较为密集的防风林，在一定程度上减小了台风对海滩沉积物的搬运作用。

目前，根据 2017 年 9 月的航拍影像拍摄和现场踏勘（图 3.3 至图 3.9），海阳市万米沙滩海域的海滩普遍存在干滩面积较小的现象：退潮时大片沙滩露出，海滩坡面平缓，以羊角畔至丁字湾口段海滩最为显著。大潮高潮期间，部分岸段潮水可以直接抵达滩肩下缘，本区海流流速较小，海浪也较小，故对滩肩的侵蚀效果不明显，但若在大风、大浪的联合作用下，前滨和滩肩将直接面对海浪的冲击，容易造成海岸侵蚀。此外，羊角畔至丁字湾口段海滩存在大量临海养殖，部分养殖设施直接建设在海滩滩肩和后滨，或是完全建设在海滩之上，对砂质海岸形态和局部动力条件产生了直接破坏和改变效应，导致该岸段发生侵蚀现象。连理岛连接桥接陆段海滩存在弱淤积现象。海阳港至海阳核电厂段海滩被多个凸入海滩的防波堤分割，区域水沙运动条件受到影响，海滩来沙受阻，部分岸段侵蚀严重，已经裸露出砾石，海滩的宽度由于防波堤的建设而大小不一，部分岸段的海滩宽度已经很小。部分岸段在海浪的冲击下，形成了多个大小不一的沿岸沙坝。

图 3.3　东村河口（羊角畔）西段海滩航拍影像（拍摄于 2017 年 9 月）

图 3.4　东村河口（羊角畔）附近海滩航拍影像（拍摄于 2017 年 9 月）

图 3.5　连理岛连接桥附近海域海滩航拍影像（拍摄于 2017 年 9 月）

图 3.6　丁字湾入海口东段海滩航拍影像（拍摄于 2017 年 9 月）

图3.7 马河港附近海域海滩航拍影像（拍摄于2017年9月）

图3.8 核电厂段海滩航拍影像（拍摄于2017年9月）

图3.9 核电厂段海滩被凸堤分割航拍影像（拍摄于2017年9月）

3.4　海岸地貌

本区海岸地貌较为简单，属于低潮阶地型地貌，主要是砂质海岸，偶有基岩岬角分布（图3.10至图3.12）。岬角处分布着岩滩和砾石滩，两岬角之间分布着开阔的海滩，海滩总体走向为 NE—SW，稍向岸内凹，形成耳形海湾。海滩向陆一侧分布着沿岸沙堤，在邵家村附近海岸保留有滨后风成沙丘。本区岸滩坡度大，滩面狭窄，波浪破碎带比较明显，组成物质为黄色中砂和细砂，分选好。岩滩在岬角处相当发育，高潮时被水淹没，低潮时露出海面，宽可达数百米，表面平坦，有扁平砾石散布其上，消浪性能良好。砾石滩不太发育，多分布在岩滩上，也起着消浪作用。研究区主要的径流有东村河，沙滩上常有小河入海，河口多呈分叉的羊角状，两侧发育小型沙嘴。在干旱季节无淡水注入，只有海水进出；雨季甚短，淡水流入量也不是很大。研究区羊角畔以西的后滨和沙堤上建有大量的养殖设施，还有部分养殖设施直接建设于滩肩之上。

图 3.10　白沙口附近砂质海岸分布

根据海岸地貌成因划分，研究区的砂质海岸类型属于沙坝-潟湖类砂质海岸。该海岸类型在山东半岛分布较广泛，周边常分布沙坝、潟湖、沙堤、连岛

图 3.11 马河港附近砂质海岸分布

图 3.12 羊角畔至凤城砂质海岸分布

沙坝、海蚀崖等地貌体。乳山白沙口沿岸有一个巨大的沙嘴发育，长约 6 km，此沙嘴与海阳所东南岸之角滩间圈围成一个天然的潟湖，即白沙口湖，仅有一狭窄的潮汐通道与外海联通；区域内还有一段典型沙坝-潟湖砂质海岸分布在马河港至凤城之间的岸段，发育有长约 20 km、沿岸砂砾堤总宽约 600 m 的沙滩，向陆一侧为潟湖洼地发育（张泽华等，2012）。

研究区海底地貌有海底侵蚀地貌和堆积地貌。水下侵蚀平台主要分布在海岸侵蚀平台下的水下延续部分，一般其外缘水深在 1.5～3.0 m。水下堆积地貌包括水下岸坡和水下堆积平原。其中水下岸坡分布在理论基准面以下至 5 m 水深，该区内主要组成物质为粉砂粒级的物质，海底坡降平均为 1.6‰，由近岸向远海逐渐变缓：3 m 以浅东部为 6‰，西部小于 3‰；4.0 m 水深以外，海底坡度比较均匀，约为 0.75‰，底质含泥量也逐渐增多。近海水下堆积平原分布在水下岸坡以外，海底坡度小于 0.5‰，组成物质为粉砂和粉砂质黏土（山东省科学技术委员会，1990）。

第4章 泥沙来源

研究区泥沙来源有河流来沙、邻近岸滩搬运来沙、海岸土壤侵蚀来沙以及海底来沙。其中河流以及邻近岸滩搬运来沙量较大，而海岸土壤侵蚀与海底来沙量相对较少。

4.1 河流来沙

研究区附近有留格庄河和东村河两条较大河流入海。其中，留格庄河全长 31 km，流域面积 322 km²，丰水流量 556 m³/s，枯水流量 0.96 m³/s，年输沙量约为 $9.7 \times 10^4 \sim 16.1 \times 10^4$ t。自 1994 年留格河上中游修建一座中型水库，拦截一定量的泥沙，使年输沙量减少为约 8.0×10^4 t，且主要集中在雨季，旱季时入海泥沙很少，入海泥沙在浪和流的作用下向西运移（岳娜娜等，2008）。

4.2 土壤侵蚀

土壤侵蚀是指在水动力、重力、风力和冻融等因素驱动下，土壤及其组成成分经历搬运—破坏—剥蚀—沉积等变化与演变过程。研究区沙滩分布广泛，在沿岸流和风暴浪的作用下，岸滩上泥沙发生纵横向迁移。岸滩泥沙的再分配是研究区泥沙的重要来源。研究区海域分布有老龙头等基岩海岸，主要为易风化的砂页互岩，在波浪等应力作用下侵蚀破碎，侵蚀下来的泥沙发生搬运。根据对国内外土壤侵蚀估算方法研究文献的检索、梳理和综合分析，利用三期的土地利用分布信息，基于侵蚀系数法，借助 GIS 和 RS 技术，研究土壤侵蚀量变化情况。由于径流区域面积相对较小，将整个汇流区域作为一个计算单元研究其土壤侵蚀状况，根据各参数已知信息和土壤侵蚀模型，计算土壤侵蚀量（麻德明等，2018）。

4.2.1 侵蚀汇水区划分

汇水区及其子区域的提取往往是水文分析和环境分析的第一步，如土壤侵蚀、土地利用、污染扩散、水资源保护等分析处理中所使用的大量地形特征数据往往是以汇水区域边界为基础。本研究的 DEM 数据为美国太空总署（NASA）和国防部国家测绘局（NIMA）联合测量，由该系统免费下载得到研究区 90 m 分辨率的高精度的数据。主要借助 ArcGIS 软件中的 ArcHydro 水文分析模块进行流域汇水区划分和面积统计，叠加分析，如图 4.1 所示。

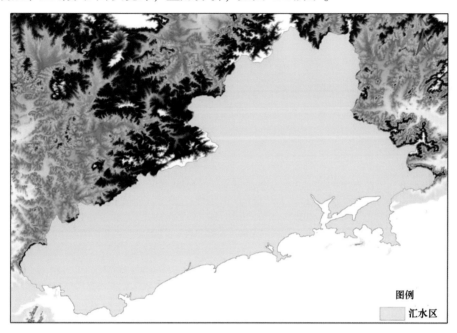

图 4.1 研究区域汇水区

4.2.2 土壤侵蚀模型

4.2.2.1 侵蚀模型

土壤侵蚀是由自然过程引发，并在人类活动干预下产生的，侵蚀监测困难、难以量化，研究和防控的难度较大。

在划分汇水区的基础上，基于输出系数模型，把土地利用类型划分为耕地、林地、草地、水体、建设用地和未利用地，比较统计不同土地利用类型的流失量。土壤侵蚀估算基本模型为：$W_j = \sum_{j=1}^{n} K_j \times S_j$，式中：$W_j$ 是土地利用类型，为 j 种（1，2，3，4，…n 种土地利用类型）土壤侵蚀量；S_j 为第 j 种土地利用类型的面积；K_j 为第 j 种土地利用类型侵蚀模数。

4.2.2.2 侵蚀模数

侵蚀模数作为反映土壤侵蚀区域差异重要参数，一般可反映区域独特地质条件的差别，因此，在对已有的成果系数进行仔细甄别、遴选和综合分析的基础上，结合研究区域的实际情况和特征条件，确定适合本研究区域不同土地利用类型的模型参数（表4.1）。

表 4.1 侵蚀模数

序号	土地类型	侵蚀模数/（t/hm² · a）
1	耕地	7.11
2	林地	1.93
3	草地	0.24
4	水体	0.15
5	建设用地	0
6	未利用地	4.8

4.2.3 侵蚀总量估算

利用三期（1995年、2005年和2015年）海阳研究区流域土地利用分布图，结合高分辨率遥感影像（Landsat、Google Earth），解译获取海阳研究区土地利用类型。为了便于对土壤侵蚀量估算，把商服用地、工矿仓储用地、公共管理与公共服务用地、交通运输用地、住宅用地土地类型合并为建设用地来处理。借助 GIS 和 RS 技术，进行叠加分析，计算土地利用类型面积（图4.2至图4.4，表4.2），基于土壤侵蚀模型，估算三期土壤侵蚀总量。

结果表明：研究区土壤年流失量平均近 100×10^4 t（图4.5至图4.7，表4.3至表4.5），1995年、2005年和2015年贡献量从大到小同为耕地、林地、草地、未利用地、水体和建设用地，其中，耕地的贡献量最大，超过90%。1995年分别约占 90.70%、7.83%、1.22%、0.18%、0.07%、0%；2005年分别约占 90.85%、7.71%、1.22%、0.14%、0.08%、0%；2015年分别约占 90.89%、7.83%、1.14%、0.10%、0.04%、0%。1995—2005年间，土壤侵蚀量减少了 5 775 t，其中耕地减少最多，其次为林地、未利用地和草地，变化率最大的是耕地和林地，达到94.35%；2005—2015年间，土壤侵蚀量减少了 23 972 t，其中同样是耕地减少最多，其次为草地、林地、未利用地和水体，变化率最大的也是耕地，达到 88.95%，其他变化水平基本差不多。

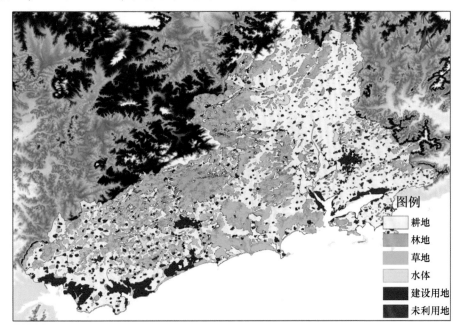

图 4.2　1995 年研究区土地利用类型

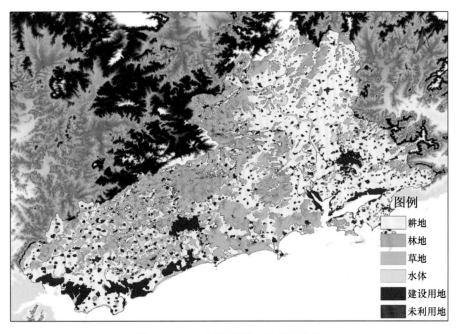

图 4.3　2005 年研究区土地利用类型

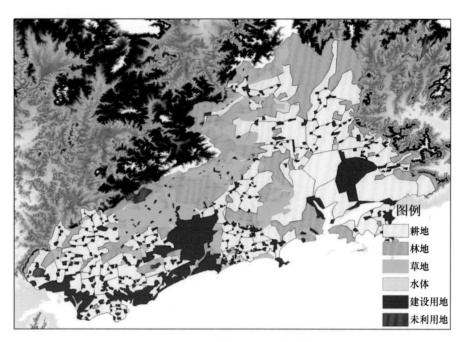

图 4.4　2015 年研究区土地利用类型

　　从三期的土壤侵蚀量以及演变态势可以看出,土壤流失量呈逐年下降的趋势,这和区域大力开发导致建设用地急剧增加是密不可分的,导致研究区每年流失的土壤入海量逐年减少,即海岸陆上砂质来源减少,打破了原有沙滩陆上土壤流失堆积与海水冲刷的平衡体系,也就为海岸侵蚀提供了可能。

表 4.2　三期不同土地利用类型面积统计

土地利用类型	1995 年		2005 年		2015 年	
	面积/hm²	比例/%	面积/hm²	比例/%	面积/hm²	比例/%
耕地	121 703	51.46	121 166	51.23	118 167	49.96
林地	38 716	16.37	37 881	16.02	37 510	15.86
草地	48 449	20.48	48 263	20.41	43 811	18.53
水体	4 651	1.97	5 062	2.14	2 235	0.95
建设用地	22 623	9.57	23 841	10.08	34 582	14.62
未利用地	355	0.15	284	0.12	192	0.08
合计	236 497	100	236 497	100	236 497	100

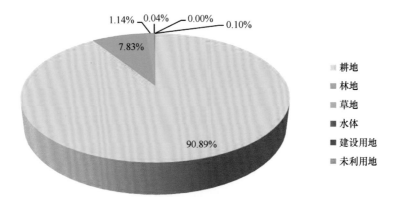

图 4.5   1995 年土壤侵蚀量百分比

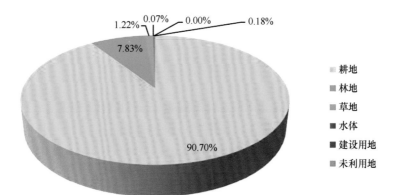

图 4.6   2005 年土壤侵蚀量百分比

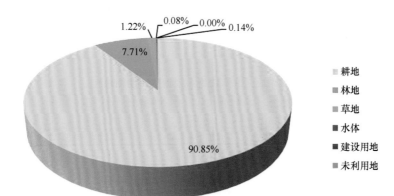

图 4.7   2015 年土壤侵蚀量百分比

表 4.3　1995—2015 年土地利用类型面积变化

土地利用类型	1995—2005 年面积变化/hm²	变化率/%	2005—2015 年面积变化/hm²	变化率/%
耕地	−537	−0.23	−2 999	−1.27
林地	−835	−0.35	−371	−0.16
草地	−186	−0.08	−4 452	−1.88
水体	411	0.17	−2 827	−1.19
建设用地	1 218	0.52	10 741	4.54
未利用地	−71	−0.03	−92	−0.04
合计	0	0	0	0

表 4.4　三期不同土地利用类型年侵蚀量

土地利用类型	1995 年		2005 年		2015 年	
	侵蚀量/t	比例/%	侵蚀量/t	比例/%	侵蚀量/t	比例/%
耕地	865 308	90.70	861 490	90.85	840 167	90.89
林地	74 722	7.83	73 110	7.71	72 394	7.83
草地	11 628	1.22	11 583	1.22	10 515	1.14
水体	698	0.07	759	0.08	335	0.04
建设用地	0	0	0	0	0	0
未利用地	1 704	0.18	1 363	0.14	922	0.1
合计	954 060	100	948 305	100	924 333	100

表 4.5　1995—2015 年不同土地利用侵蚀量变化

土地利用类型	1995—2005 年侵蚀量变化/t	变化率/%	2005—2015 年侵蚀量变化/t	变化率/%
耕地	−3 818	66.34	−21 323	88.95
林地	−1 612	28.01	−716	2.99
草地	−45	0.78	−1 068	4.45
水体	61	−1.06	−424	1.77
建设用地	0	0	0	0
未利用地	−341	5.93	−441	1.84
合计	−5 755	100	−23 972	100

第 5 章　海阳市海岸侵蚀特征

5.1　岸线变化

5.1.1　海岸分区

基于 2016 年 4 月和 10 月海阳万米沙滩的砂质海岸线测量成果，并叠置在遥感卫片上（底图为 2015 年），用以分析研究区的砂质海岸线侵蚀变化。

将研究区划分为两个典型区块开展调查和研究，分别为羊角畔（东村河口）以西区块（羊角畔以西 4 km 范围内海滩）和羊角畔以东区块（羊角畔以东 4 km 范围内海滩），如图 5.1 至图 5.3 所示（图中的数字编号代表分段编号）。

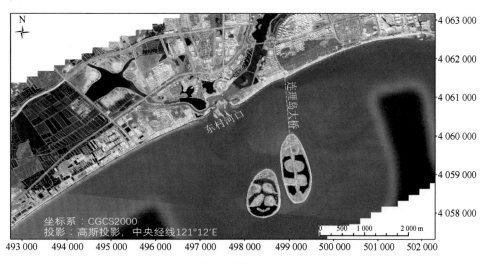

图 5.1　海岸线监测范围（图中红线所示）

由图 5.2 可见，在羊角畔附近的海岸线发生了明显的蚀退和淤进：靠近河口段岸线首先发生了显著后退，然后向西表现为淤进，说明该处岸线变化较为剧烈；部分与养殖区相邻的岸线也发生了岸线后退的现象，而部分岸线略有淤进；

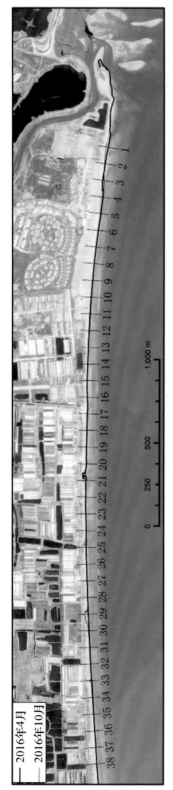

图5.2 羊角畔以西海滩海岸线变化

图5.3 羊角畔以东海滩海岸线变化

其中20#～22#段岸线发生了一定淤进和后退，24#～26#段、28#～31#段、32#～35#段岸线均发生了较大的后退，其他岸段相对稳定。由图5.4可见，部分养殖设施附近的海岸线基本未见明显变化，部分养殖设施附近的岸线存在剧烈变化，以24#～26#段、28#～31#段和32#～34#段海滩的岸线变化最为典型，上述岸段海岸线后退呈现出变化幅度较大的特点，与相邻岸线形成较大的反差，应为人类活动扰动所致。由图5.5可见，该段海岸在9#～13#段略有后退，在20#～21#段存在蚀退和淤进并存的现象，在24#～25#段岸线表现为岸线突然后退，其他岸段未见明显的侵蚀或淤进。根据现场踏勘，24#～25#段和20#～21#段岸线的变化位置处于后方邻海养殖的排水口位置，排水管直接裸露在海滩上铺设，可能是排水口排放的废水加剧区域海滩冲刷，进而导致了上述区域的岸线变化。9#～13#段海岸后退则较为缓慢。由图5.6可见，9#～13#段海滩的岸线有所后退，1#～6#段海滩的岸线则表现为既有后退也有淤进。其中1#～2#段海岸整体后退，东侧后退强度大于西侧，2#～3#段海岸自西向东表现为先淤进后后退，3#～4#段海岸以淤进为主，西侧略有后退，4#～6#段海岸略有后退。

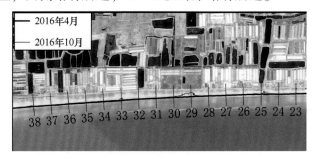

图5.4　羊角畔西段海滩23#～38#段岸线变化

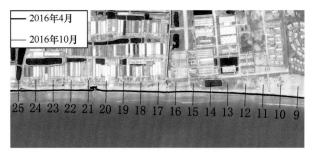

图5.5　羊角畔西段海滩9#～25#段岸线变化

由图5.3可见，在羊角畔附近岸线发生了一定淤进，连岛桥梁接陆处存在岸线的淤进和后退，沙雕公园附近岸段和滨海浴场附近岸线略有后退。由图5.7可见，1#～6#段海滩的岸线略有后退，后退强度东侧略大于西侧，其他岸段的岸线

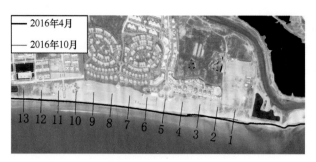

图 5.6 羊角畔西段海滩 1#～13#段岸线变化

未见明显淤进或后退。由图 5.8 可见，15#～21#段海滩的岸线基本稳定，21#～22#段海滩的岸线略有后退，后退幅度很小，23#段海岸略有淤进，24#～25#段海滩存在一定后退，29#～30#段海滩岸线略有后退。由图 5.9 可见，32#～33#段海滩的岸线略有淤进，34#～38#段海滩的岸线以淤进为主。

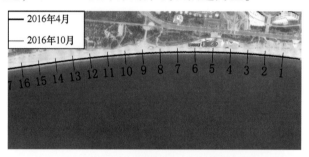

图 5.7 羊角畔东段海滩 1#～16#段岸线变化

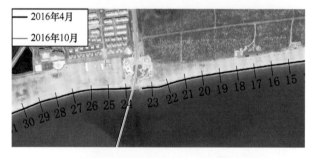

图 5.8 羊角畔东段海滩 15#～30#段岸线变化

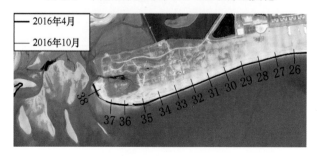

图 5.9 羊角畔东段海滩 26#～38#段岸线变化

因此，从总体上来看，羊角畔入海口处岸线变化显著，蚀退和淤进均较为明显，羊角畔两侧岸线变化差异较大，羊角畔西侧岸段的岸线变化剧烈，而羊角畔东侧海岸的则相对稳定。

5.1.2 岸线蚀退和淤进

为进一步量化2016年羊角畔两侧海岸线的变化，制作了羊角畔两侧岸线变化的柱状图，图中负值代表岸线后退，正值代表岸线淤进。

由图5.10可见，羊角畔以西岸段的岸线变化以蚀退为主，发生岸线后退较大的区域主要位于羊角畔西侧以及宝龙城西侧的养殖区附近海域，岸线淤进的海域较少，只有羊角畔入海口西侧岸线淤进较为显著，其他海域岸线只有零星淤进，且淤进量很小。

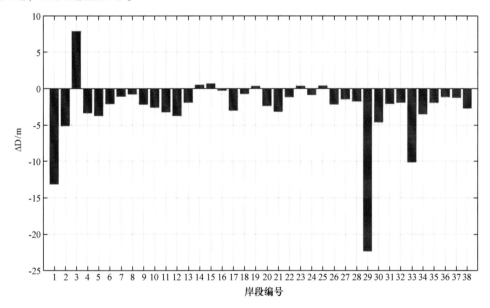

图5.10 羊角畔以西各段岸线变化（2016年4月与2016年10月比较）

负值代表岸线后退，正值代表岸线淤进，横坐标代表岸段编号，纵坐标代表后退或淤进的距离

羊角畔西侧海岸线海岸平均侵蚀速率为2.68 m/a。岸线后退最大的幅度约为23 m，位于宝龙城以西的养殖区附近海域，其次为羊角畔西侧海域，岸线后退幅度约为13 m。羊角畔西侧岸线发生了明显淤进和蚀退，可能是河口来沙减少和附近养殖设施的改造，导致河口附近海滩泥沙发生侵蚀，也使3#~4#岸段的海滩发生一定淤积。宝龙城西侧岸段整体以后退为主，其中25#~38#岸段的侵蚀量较大，根据现场踏勘发现，28#~30#岸段和32#~24#岸段的后方养殖设施大部分直接建设在滩肩或后滨上，对海滩形态的人工干扰较大，导致了海岸侵

蚀的加剧。

由图 5.11 可见，羊角畔东侧岸段整体以后退为主，零星岸段存在岸线淤进现象，海岸平均侵蚀速率为 0.52 m/a，其中羊角畔东侧岸线淤进十分显著，最大淤进量约为 5.2 m，根据后文的沿岸输沙计算结果来看，沿岸输沙方向基本沿岸向东输送，可能是河口东侧发生淤积的主要原因。沙雕公园至滨海浴场岸段基本以后退为主，最大后退量为 4.6 m，发生在连理岛连岛桥梁西侧海域，沙雕公园至滨海浴场岸段最大岸线后退量约为 3.8 m。

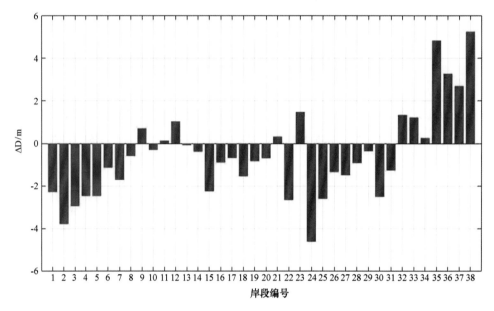

图 5.11　羊角畔以东各段岸线变化

负值代表岸线后退，正值代表岸线淤进，横坐标代表岸段编号，纵坐标代表后退或淤进的距离

综上所述，根据 2016 年两期海岸线的测量结果来看，除羊角畔入海口东侧海域存在明显岸线淤进外，研究区多数海滩主要以后退为主。海岸平均侵蚀速率约为 1.6 m/a，说明研究区的砂质海岸侵蚀较为普遍。羊角畔西侧海滩侵蚀强度要远高于羊角畔东侧海滩。

5.1.3　海岸侵蚀强度

参照前节中的海岸侵蚀强度分级，分析了羊角畔两侧海岸的侵蚀强度。由图 5.12 和图 5.13 可知，羊角畔西段海滩的海岸侵蚀强度基本为强侵蚀，部分海滩为中侵蚀，而羊角畔东段海滩东侧以中度和轻度侵蚀为主，连理岛连接桥接陆段则以强侵蚀或严重侵蚀为主。经统计，海阳优质的砂质海岸基本均遭受到

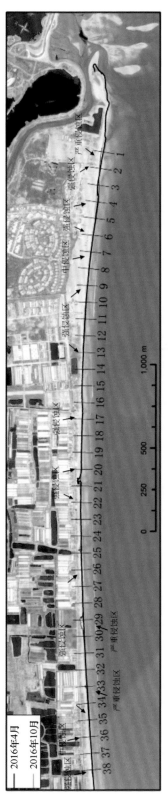

图5.12 羊角畔西段海岸侵蚀强度分级

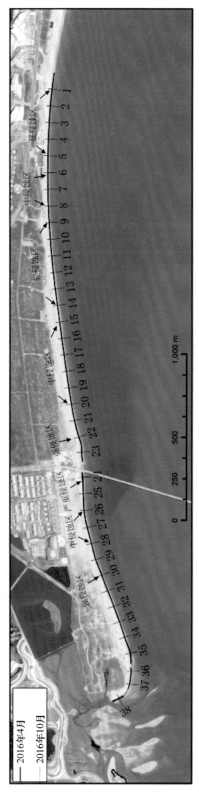

图5.13 羊角畔东段海岸侵蚀强度分级

海岸侵蚀的威胁，约有59%的砂质海岸处于强侵蚀，约有5%的砂质海岸处于严重侵蚀，约有21%的砂质海岸处于中度侵蚀，9%的砂质海岸处于轻度侵蚀，只有6%的砂质海岸基本稳定。由此可见，研究区海岸多处于侵蚀状态，部分岸段的侵蚀强度较大。

5.2 典型剖面变化特征

5.2.1 剖面分布

为研究海阳万米沙滩海域的海滩侵蚀变化，本研究在研究区设置了25个海滩监测剖面，在羊角畔两侧海域实施了监测加密。为方便研究分析，将海滩剖面特征研究区划分为4个区域，分别为马河港段、羊角畔西段、羊角畔东段和核电厂段（图5.14）。

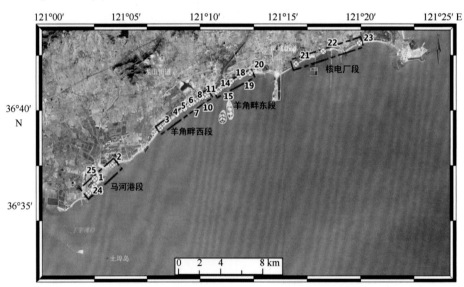

图5.14 剖面编号分布

5.2.2 典型海滩剖面高程变化图

将2016年4月、2017年4月、2018年5月三期海滩剖面的高程叠加，得到了3年的海滩剖面高程变化，具体如图5.15中各剖面海滩高程变化图所示。

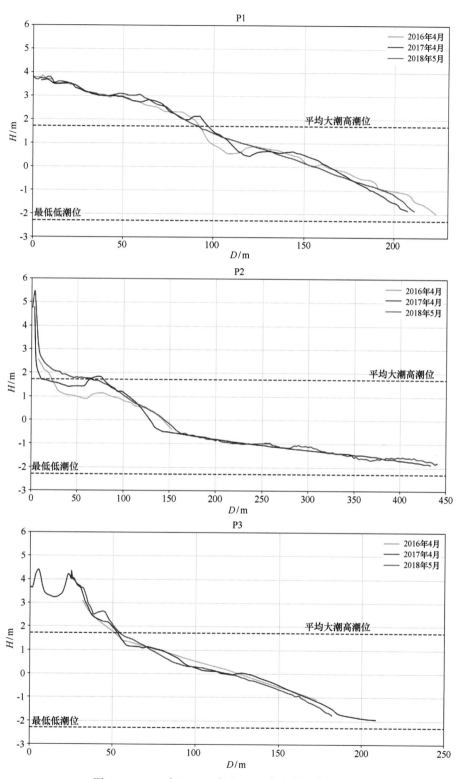

图 5.15 2016 年、2017 年和 2018 年各剖面高程变化

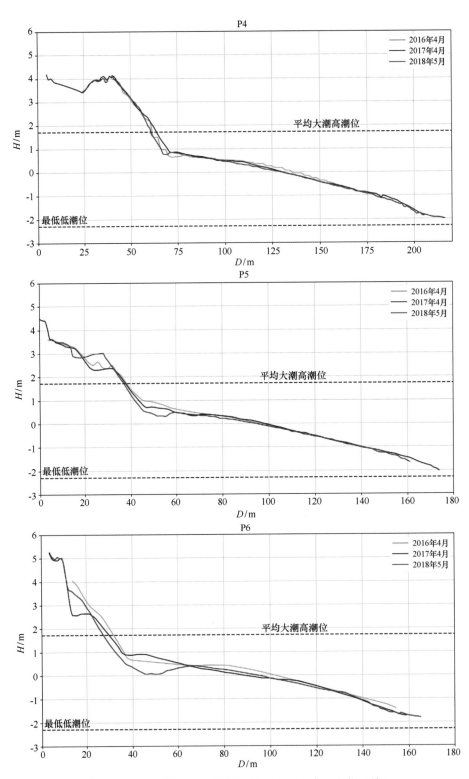

图 5.15　2016 年、2017 年和 2018 年各剖面高程变化（续）

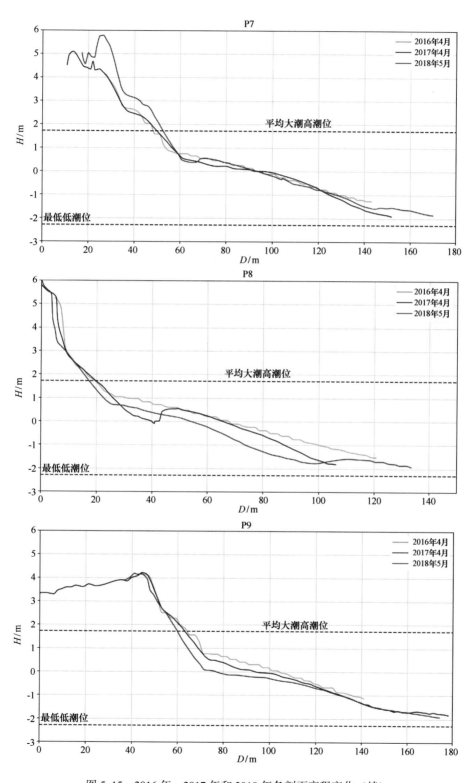

图 5.15　2016 年、2017 年和 2018 年各剖面高程变化（续）

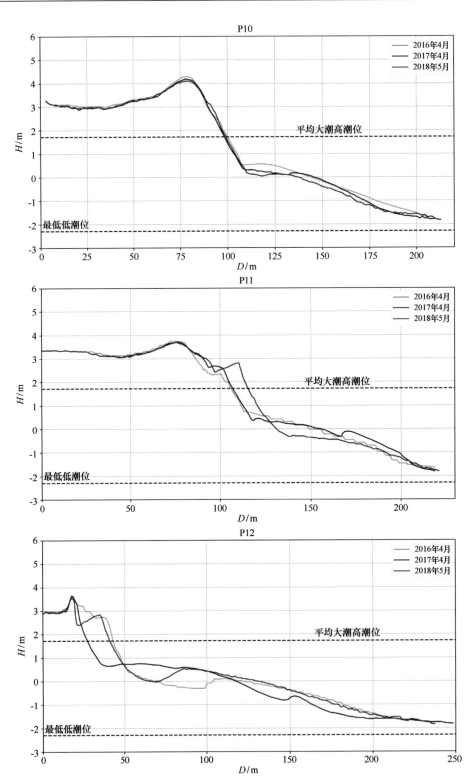

图 5.15　2016 年、2017 年和 2018 年各剖面高程变化（续）

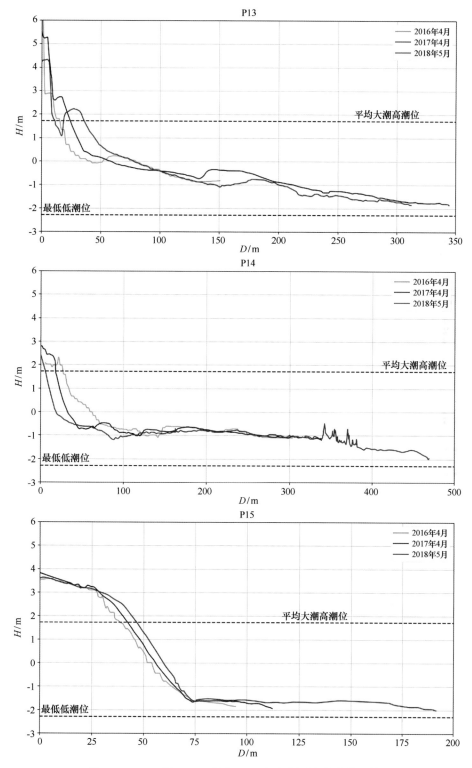

图 5.15　2016 年、2017 年和 2018 年各剖面高程变化（续）

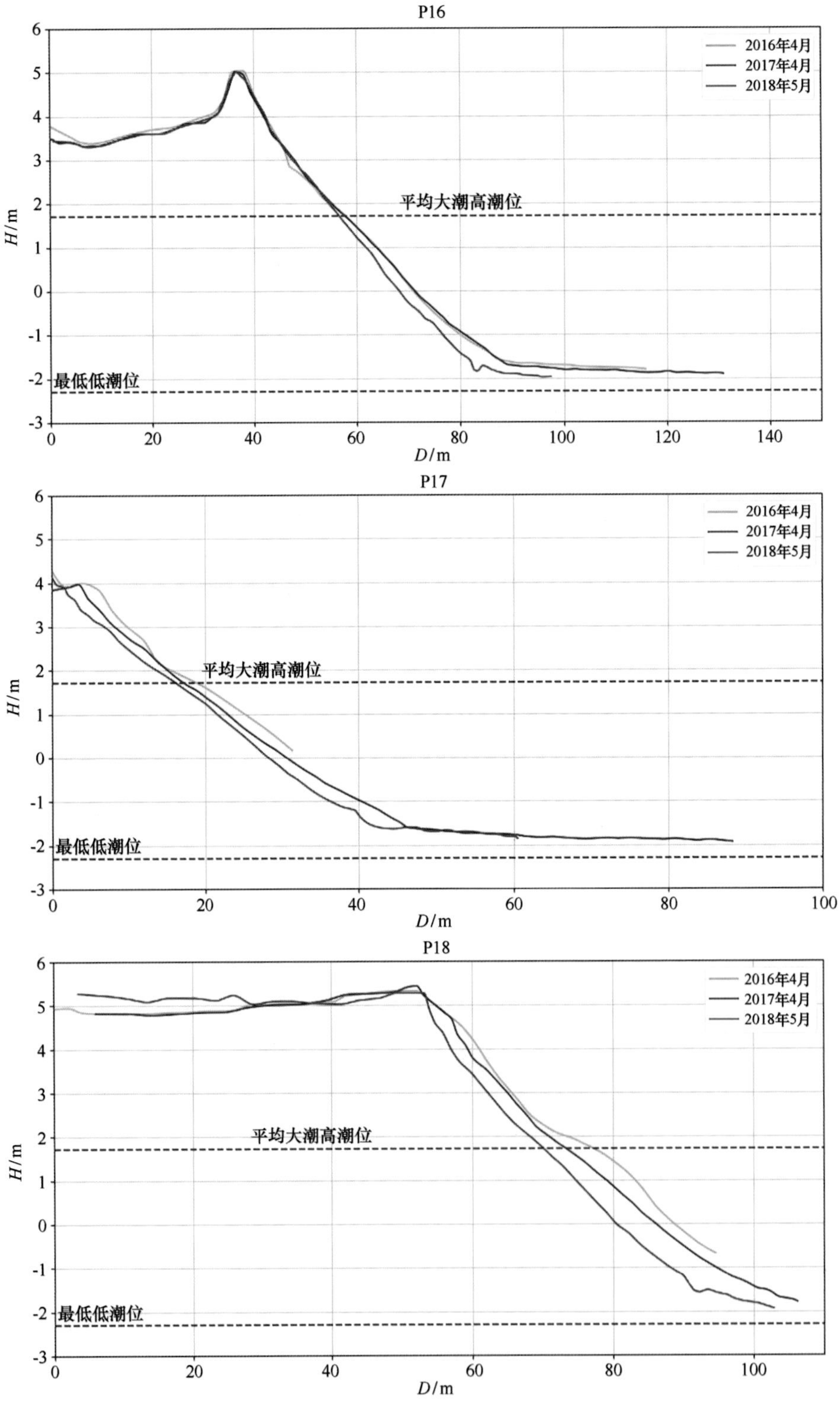

图 5.15　2016 年、2017 年和 2018 年各剖面高程变化（续）

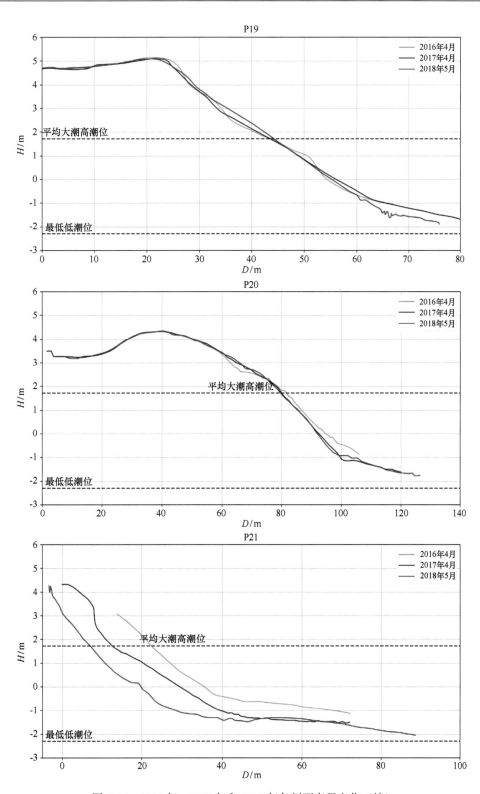

图 5.15 2016 年、2017 年和 2018 年各剖面高程变化（续）

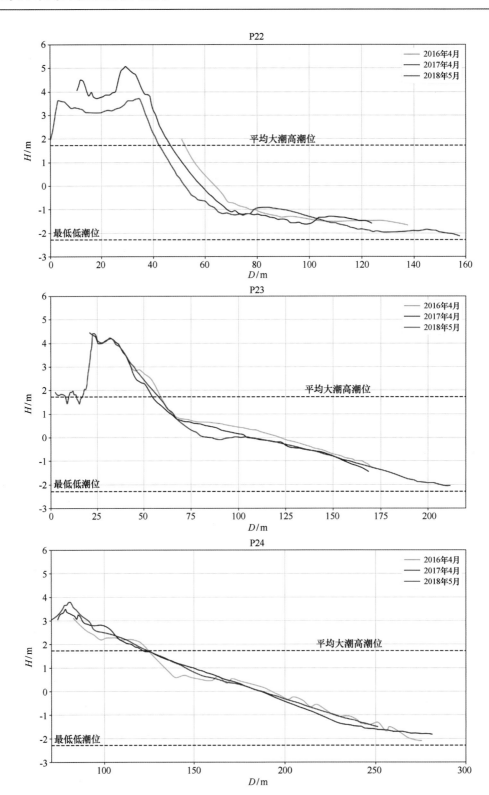

图 5.15　2016 年、2017 年和 2018 年各剖面高程变化（续）

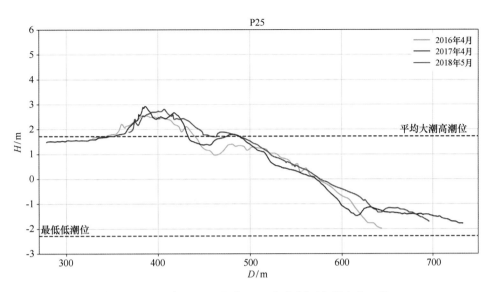

图 5.15　2016 年、2017 年和 2018 年各剖面高程变化（续）

马河港段：

P1 剖面的后滨基本稳定，前滨略有侵蚀，2016 年和 2017 年滩肩呈现出逐渐向海运动的趋势，至 2018 年滩肩基本消失；

P2 剖面 2017 年前滨由海向岸表现为先侵蚀再淤积，2018 年前滨较 2016 年和 2017 年向岸部分表现为淤积，但 2018 年滩肩已经变得不明显；

P24 剖面滩肩呈现出逐年消失的趋势，至 2018 年滩肩基本消失，后滨总体有所淤积，前滨也略有淤积；

P25 剖面前滨略有淤积，滩肩逐渐向海移动，坡度变平缓，后滨略有淤积。

从总体来看，马河港段海滩处于弱侵蚀状态（图 5.16）。

图 5.16　马河港段海滩平缓（2016 年 10 月拍摄）

羊角畔西段：

P3 剖面的前滨呈现出向岸侧逐年淤积、向海侧逐年侵蚀的趋势，滩肩部分有所淤积，后滨则无明显变化；

P4 剖面的前滨呈现出逐年侵蚀的趋势，后滨则较为稳定；

P5 剖面的前滨存在逐年侵蚀的趋势，滩肩由 2017 年的侵蚀转变为 2018 年的明显淤积（是人为堆沙的结果），后滨则基本稳定；

P6 剖面的前滨呈现出逐年侵蚀的趋势，2018 年侵蚀进一步加剧，2017 年滩肩发生了较大的侵蚀，2018 年滩肩又有所恢复，后滨则基本稳定；

P7 剖面 2016 年和 2017 年较为稳定，2018 年前滨略有淤积，2018 年后滨由于后方养殖场建设发生了明显的淤积；

P8 剖面的前滨三年中变动较大，在 2017 年发生一定的侵蚀，在 2018 年侵蚀进一步加剧，后滨也呈现出逐年侵蚀的趋势；

P9 剖面的前滨持续侵蚀，2018 年进一步加剧，且滩肩部分 2018 年也发生了侵蚀后退；

P10 剖面的前滨持续侵蚀，后滨呈现出逐年略有侵蚀的趋势；

P11 剖面 2016 年和 2017 年前滨基本稳定，2018 年前滨由陆向海表现为先淤积后侵蚀，2017 年后滨明显淤积，2018 年后滨向海淤进显著；

P12 剖面前滨 2017 年较 2016 年发生了较大变化，表现为两端侵蚀，中间淤积，2018 年前滨与 2016 年基本相似，较 2016 年有一定淤积，但该剖面的后滨发生了较大的侵蚀；

P13 剖面前滨 2017 年较 2016 年发生了显著淤积，2018 年淤积加重，但后滨表现为强侵蚀，经现场踏勘，该区存在人为采砂现象，导致该剖面变化剧烈。

从总体上来看，羊角畔西侧海滩的前滨基本处于侵蚀状态，且越接近羊角畔前滨的侵蚀强度有逐步加剧的趋势，部分岸段后滨受到后方人类活动扰动较大，多呈现为侵蚀或淤积，后滨的人为采砂加剧了海滩侵蚀（图 5.17）。

羊角畔东段：

P14 剖面前滨表现为逐年持续侵蚀的趋势，坡面逐渐变陡；

P15 剖面前滨表现为逐年淤积的趋势，后滨略有侵蚀，滩肩呈向海持续发展的趋势；

P16 剖面 2016 年和 2017 年前滨较为稳定，但 2018 年前滨较 2016 年和 2017 年发生了明显侵蚀，坡面变陡，后滨逐年略有侵蚀；

图 5.17　羊角畔西段海滩侵蚀严重

a、b、c、d、e 拍摄于 2016 年 10 月，f 拍摄于 2018 年 10 月

P17 剖面的前滨和后滨呈现出逐年侵蚀的趋势；

P18 剖面的前滨呈现出逐年侵蚀的趋势，2018 年前滨的侵蚀强度有所增加，2016 年和 2017 年后滨比较稳定，但 2018 年后滨由陆向海发生了明显的淤积和侵蚀；

P19 剖面的前滨呈现出有冲有淤的特征，基本处于平衡状态，后滨基本稳定；

P20 剖面前滨 2017 年发生明显侵蚀后，2018 年基本稳定，未见进一步的侵蚀，滩肩有所淤积，后滨基本稳定。

从总体上来看，羊角畔东段海滩的前滨基本处于侵蚀状态，但侵蚀强度自西向东逐渐减小，后滨基本呈稳定状态（图5.18）。并且，羊角畔西段部分剖面也处于侵蚀状态，可见羊角畔入海口海域的砂质岸线处于侵蚀状态。

图 5.18　羊角畔东段海滩存在侵蚀

a、c、d 拍摄于 2016 年 10 月，b 拍摄于 2017 年 11 月

核电厂段：

P21 剖面的前滨和后滨呈现出逐年侵蚀的趋势，且侵蚀强度逐年有所增加；

P22 剖面的前滨和后滨均呈现出逐年侵蚀的趋势；

P23 剖面的前滨和后滨在 2017 年发生了侵蚀，滩肩发生了明显的蚀退，2018 年部分区域的侵蚀有所加剧，滩肩基本消失，2018 年后滨略有淤积。

从总体上来看，核电厂段海滩的前滨和后滨多处于侵蚀状态，且侵蚀强度要大于其他 3 个岸段（图5.19）。

部分海滩形态实拍如图5.20所示。

图 5.19 核电厂段海滩侵蚀严重

a、b、c、d、g 拍摄于 2016 年 10 月，e 拍摄于 2017 年 11 月，f、h 拍摄于 2018 年 10 月，i 拍摄于 2020 年 9 月

图 5.20　海滩形态实拍

a、b 为海滩挖沙和建设养殖池；c 为旅游设施直接建设在后方沙丘上；d、e 为养殖场排水
管涵对海滩滩面有较大影响（d 拍摄于 2017 年 9 月，e 拍摄于 2016 年 10 月）

5.3　海滩侵蚀量分析

5.3.1　马河港段

　　根据上述多期的海滩剖面高程监测结果，得到 2017 年马河港段海滩的侵蚀量为 2.17×10^4 m³/km，2018 年马河港段海滩的侵蚀量为 3.07×10^4 m³/km，说明该段海滩的侵蚀有加剧的趋势。

5.3.2 羊角畔西段

根据上述多期的海滩剖面高程监测结果，得到 2017 年羊角畔西段海滩的侵蚀量为 $15.51 \times 10^4 \, \mathrm{m^3/km}$，2018 年羊角畔西段海滩的侵蚀量为 $17.72 \times 10^4 \, \mathrm{m^3/km}$，说明该区域处于侵蚀较为剧烈的海滩。

5.3.3 羊角畔东段

根据上述多期的海滩剖面高程监测结果，得到 2017 年羊角畔东段海滩的侵蚀量为 $14.45 \times 10^4 \, \mathrm{m^3/km}$，2018 年羊角畔东段海滩的侵蚀量为 $12.32 \times 10^4 \, \mathrm{m^3/km}$，说明该区域处于侵蚀较为剧烈的海滩。

5.3.4 核电厂段

根据上述多期的海滩剖面高程监测结果，得到 2017 年核电厂段海滩的侵蚀量为 $24.04 \times 10^4 \, \mathrm{m^3/km}$，2018 年核电厂段海滩的侵蚀量为 $27.55 \times 10^4 \, \mathrm{m^3/km}$，说明该区域处于侵蚀较为剧烈的海滩。

由以上各分段海滩的年侵蚀量可见，海阳万米沙滩海域基本处于侵蚀状态，各段的侵蚀强度不一，马河港段海滩的侵蚀量最小，海阳港至海阳核电厂之间的海滩侵蚀最为强烈。马河港段海滩侵蚀量较小，主要是因该段海滩位于丁字湾口处，泥沙来源相对多，但该段海滩受人为扰动较大，部分岸段已经裸露出滩下砾石，也存在一定的侵蚀，此外，该段海滩长度短也有一定关系。海阳港至海阳核电厂之间海滩侵蚀严重的主要原因可能是沿岸海洋工程建设，其阻挡了本区的泥沙输送路径，导致该区海滩发生了强侵蚀。羊角畔西段海滩侵蚀明显高于羊角畔东段，引发强侵蚀的主要原因在于羊角畔西段海滩沿岸人工养殖设施较多，多个排水口的建设破坏了海滩的平衡剖面，同时在调查期间也发现该区几处采砂的现象，导致滩肩受到了较大破坏。羊角畔东侧海域是海阳万米沙滩的核心区域，虽然侵蚀量要小于西段，但也处于侵蚀状态。

第6章 数值计算

目前，数值模拟常用于砂质海岸海岸侵蚀过程的输沙率、海岸形态等（蔡锋等，2002；蔡峰等，2004）。美国、丹麦和加拿大等国学者提出并发展了平衡剖面理论（Fenneman et al.，1902；Dean，1987；Dean et al.，1997），提出了不同剖面形态与动力特征及剖面类型的转换与侵蚀、淤积的关系（Kemp，1961；Stive and Vriend，1995），随后发展出了波浪和潮流作用下的砂质海岸演变模型（Bernabou et al.，2003；Davies and Xing，2003），并在我国部分砂质海岸得以应用（陈子燊，2000）。同时，基于一线理论和 CERC 公式的海岸线演变模型也得到了较快发展（Yunus et al.，1999；庄克琳等，1998；Riggs et al.，1995；Lentz and Hapke，2011）。

6.1 潮流场计算

6.1.1 潮流模型简介

采用平面二维数值模型进行研究区海域的潮流场运动研究。采用非结构三角网格剖分计算域，三角网格能较好地拟合陆边界，网格设计灵活且可随意控制网格疏密。采用标准 Galerkin 有限元法进行水平空间离散，在时间上，采用显式迎风差分格式离散动量方程与输运方程。

6.1.2 计算域和网格设置

所建立的海域数学模型计算域范围如图 6.1 所示，模拟采用非结构三角网格（图 6.2 和图 6.3）。水深和岸界根据中国人民解放军海军航海保证部制作的 10011 号、12110 号、12170 号、12310 号和 12510 号海图以及工程周边实测水深和岸线确定。开边界 M_2、S_2、K_1 和 O_1 四个主要分潮调和常数值来源于自然资源部第一海洋研究所业务化潮汐潮流波浪预报模式。模型计算时间步长根据 CFL 条件进行动态调整，确保模型计算稳定进行，最小时间步长 0.6 s。底床糙率通过曼宁系数进行控制，曼尼系数 n 取 0.3~0.45 $m^{1/3}/s$。

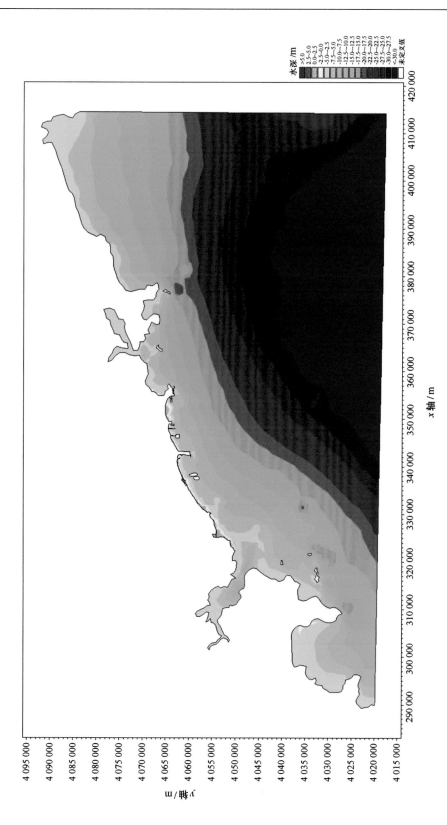

图6.1 模型水深

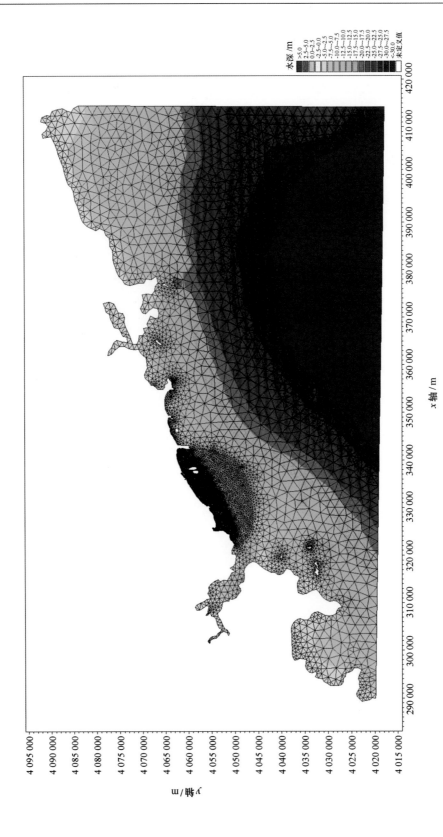

图6.2 模型网格

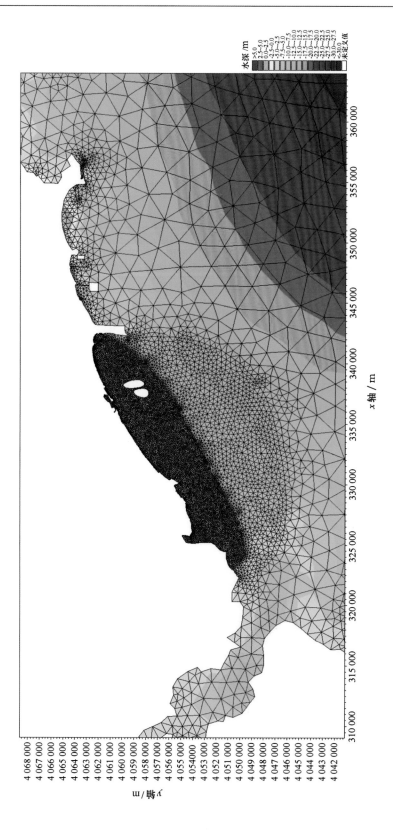

图6.3 万米沙滩海域网格

6.1.3 模型验证

模型潮位和潮流验证资料分别采用自然资源部第一海洋研究所 2017 年 6 月在海阳万米沙滩海域开展的 6 个潮汐潮流测站资料作为验证资料。对比结果显示，大潮期间实测海流流速和流向量值基本吻合，流速、流向峰值变化趋势一致，预测流场可以反映研究区的潮流特征。验证结果表明，建立的二维数学模型是适宜的，可以用其进行不同工况下潮流场的预测。

6.1.4 流场流态

大洋潮波传入黄海，与反射波叠加在黄海中部形成了一个半日潮无潮点（连云港外）。受该左旋的半日潮波控制，山东半岛南岸近海的潮流基本呈 ENE—WSW 向的沿岸流，达到近岸的潮流，受海岸线、水深地形的影响，基本呈 E—W 向。

研究区域的涨急时刻流速相对较大，外海主导潮流为自东向西，近岸人工构筑物阻挡对流向影响较大，东侧水流需向南绕过东港区防波堤，然后向西北方向继续绕过老龙头，最后沿海岸向西运动。流速最大发生在东港区防波堤南端，可达 80 cm/s 以上。大潮涨急时刻，研究区内的潮流整体呈现出自东向西减小的趋势，万米海滩海域东部海流流速略大于西部，凤城沿岸海域海流流速一般小于 60 cm/s，丁字湾口处大部分区域流速在 55~70 cm/s。大潮落急时，研究区的潮流整体自西向东流，东部潮流流速略大于西部，万米沙滩附近潮流流速一般小于 60 cm/s，丁字湾口处大部分流速为 50~60 cm/s（图 6.4 和图 6.5）。

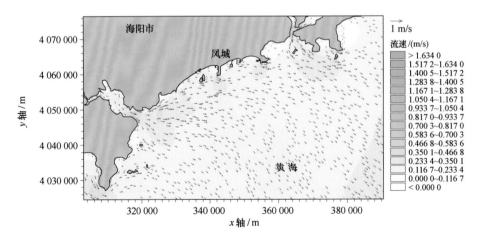

图 6.4　大潮期落急流矢分布

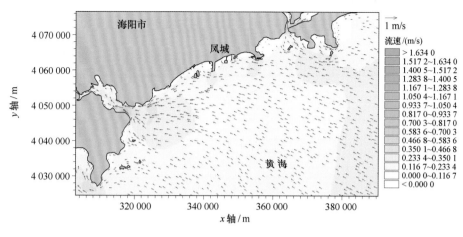

图 6.5　大潮期涨急流矢分布

小潮期间涨、落潮流整体的趋势与大潮基本一致，但潮流流速较小。小潮涨急时刻，潮流由东向西流，研究区东部潮流流速略大于西部，万米沙滩附近海域潮流流速大部分区域小于 55 cm/s，丁字湾口处大部分流速在 45～60 cm/s。小潮落急时刻，潮流整体由西向东流，东部流速大于西部，万米沙滩附近海域潮流流速大部分区域小于 55 cm/s，丁字湾口处绝大部分流速在 40～50 cm/s（图 6.6 和图 6.7）。

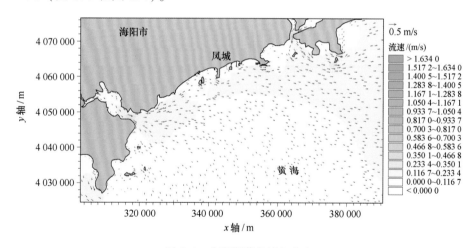

图 6.6　小潮期落急流矢分布

羊角畔入海口在涨急和落急时刻均有部分滩涂裸露出来，连理岛南侧海域水深相对较大，涨急和落急时刻的流速比连理岛北侧相对大，流速基本在 35 cm/s以下，小潮期则更小。由于受到海阳港西港区防波堤的阻挡，涨潮流在万米海滩浴场附近流速有所较小，浴场近海海域的涨急和落急潮流流速基本在

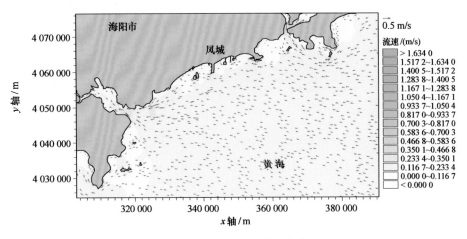

图 6.7　小潮期涨急流矢分布

30 cm/s 以下。羊角畔至丁字湾口段近岸海域的涨急和落急流速也较小，平均涨急和落急流速约 20 cm/s。由此可见，万米海滩近岸海域的潮流流速比较小，该区底质类型以细砂为主，故潮流对本区泥沙启动和输送的作用较小（图 6.8 至图 6.11）。

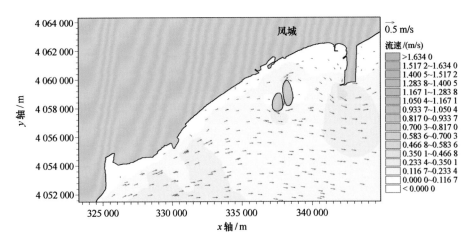

图 6.8　连理岛附近海域大潮期落急流矢分布

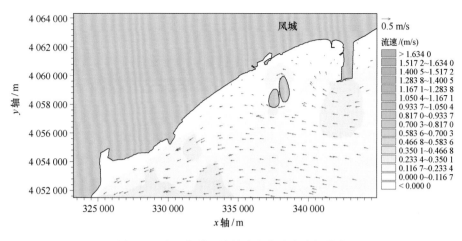

图 6.9   连理岛附近海域大潮期涨急流矢分布

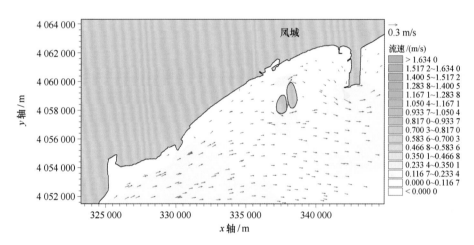

图 6.10   连理岛附近海域小潮期落急流矢分布

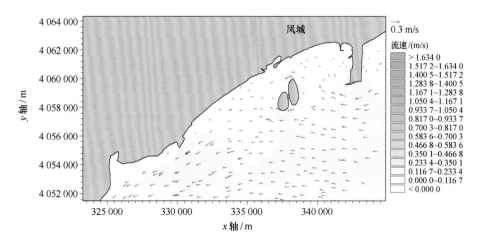

图 6.11   连理岛附近海域小潮期涨急流矢分布

6.2 波浪数值模拟

采用 MIKE-21 的 SW（Spectral Waves）模块计算本区的波浪，为泥沙计算提供背景。

由图 6.12 和图 6.13 波浪数值模拟结果可以看出，SW 向浪和 SE 向浪均受现有东西港区防波堤以及海阳连理岛的影响，在相应工程后方海域形成一定面积的波影区，波浪作用减弱。由于万米海滩海域海滩非常平缓，平均水深较小，入射波浪破碎较早，SE 向浪和 SW 向浪在万米海滩区的有效波高均较小。东港区北侧近岸海域成为一个波影区，有效波高降低 0.7~1.0 m，而东西港区之间的海域波高变化不大。对于强波向 SE 向，波浪场受影响的范围在东西港区之间，范围较大，而由于东港区现有防波堤变为疏港道路，使 SE 向的波浪可以作用到东港区北侧海域。

6.3 沿岸输沙计算

6.3.1 模型简介

采用 LITLINE 模型计算连理岛建设前后的输沙率变化情况。MIKE 21 是由丹麦 DHI 公司在 20 多年来大量工程试验基础上开发的海岸模拟软件，用于模拟河流、湖泊、河口、海湾、海岸及海洋的水流、波浪、泥沙及环境。LITLINE 是其预测岸滩演变的主要模块。波浪斜向入射时，波浪在浅水区域由于浅水变形、折射、绕射等发生破碎，波浪破碎生成沿岸流，沿岸输沙明显，从而改变岸线形态。LITLINE 模式可模拟砂质海岸在波浪和潮流作用下的泥沙输送、沿岸漂流、岸线演变等问题。LITLINE 模式以波浪沿岸输沙作为岸线变化的主要原因，考虑了近岸波浪的折射、浅水变形以及海岸构造物的影响等，在工程计算中应用较为成熟。

LITLINE 模式是应用一线模型理论对岸线变化进行预测的。根据一线理论，主要考虑由沿岸输沙引起的岸线演变，不计算泥沙横向输运。模型通过设置基线，可将岸线位置投影到基线上，通过计算岸线相对基线的距离来描述岸线的演变情况。

LITLINE 模块可模拟自然地形的坡降以及人工构筑物（如丁坝、离岸堤、防波堤、护岸等）对砂质岸线沿岸输沙的影响以及海岸线的演变。

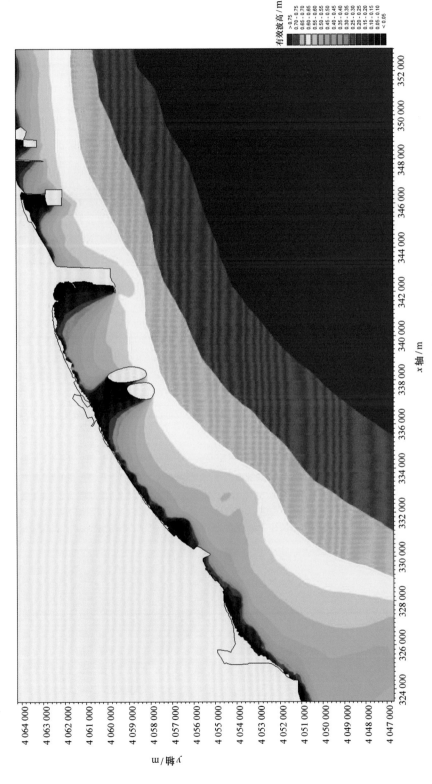

图6.12 SE向浪在万米沙滩海域有效波高分布

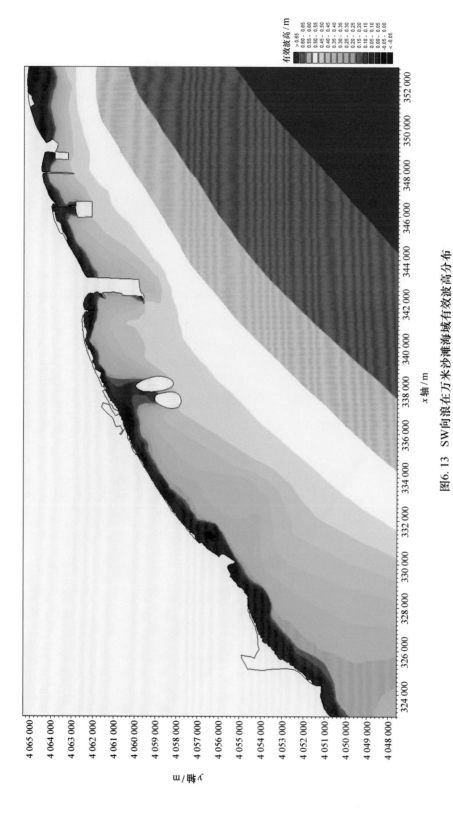

图6.13 SW向浪在万米沙滩海域有效波高分布

6.3.2　模型参数

　　岸滩及近岸水域地形采用自然资源部第一海洋研究所 2016 年在研究区域获取的测量数据，深水区域的地形采用海图水深。模型中的岸线采用 1985 国家高程基准下的 0 m 线。波浪采用南黄海海洋站波浪资料。

　　模型设置的泥沙粒径采用自然资源部第一海洋研究所 2016 年在研究区岸滩及近岸海域进行的表层沉积物取样及其粒度分析试验得出的粒径。

　　根据前文分析，羊角畔的入海泥沙量较少，因此，暂不考虑河流的来沙。另外，河口低潮时有大面积浅滩露出，高潮时有少部分浅滩露出，说明河口处水深较浅。SSW—SSE 向浪传播至河口处时，受此浅滩影响，河口东侧的波浪强度较西侧相对减小。由于河口浅滩的地形测量误差较大，因此，暂不考虑河口浅滩的地形影响。

　　研究区的海岸以海阳港西港区以西约 17 km 的砂质岸段最为典型，是海阳市发展沙滩旅游特色的重要旅游休闲娱乐区，该区域人类活动频繁，连理岛（人工岛）也建设在该区域内。因此，选取上述砂质岸段应用 LITLINE 模型计算。因不同岸段的走向及构筑物有所不同，为了解整个沙滩的输沙情况，将研究区域的岸段分为 6 个计算断面（Ⅰ～Ⅵ），在连接岛与陆地的连接桥根部两侧增加两个计算断面（ⅰ、ⅱ）。采用南黄岛海洋站波浪数据，计算得出的连理岛建设前后各断面的输沙率如图 6.14 所示。

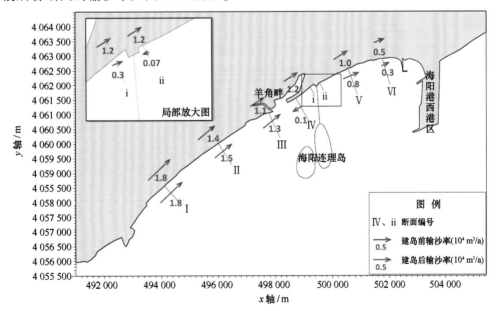

图 6.14　连理岛建设前后输沙率对比

6.3.2.1 连理岛建设前

根据多年海图及遥感图片的岸线对比分析可知，在连理岛建设前，海阳万米沙滩基本达到动态平衡，岸线及水深变化不大。连理岛建设前，海阳万米沙滩受常波向 SSW 浪、强波向 SE 浪和次强波向 SSE 浪的影响，净输沙方向为由西向东；受海阳港西港区的影响，沙滩东部在西港区附近的输沙减小，泥沙产生一定淤积。

6.3.2.2 连理岛建设后

连理岛建设后，阻挡了大部分的 SSE 向浪，部分的 SSW 向浪、S 向浪和 SE 向浪，岛后由于形成波影区，且波浪经过岛时会发生绕射，打破了岛后岸滩的动态平衡，导致泥沙输移的不平衡，岸线发生了相应的改变。连理岛建设后主要影响的是岛后及附近的岸滩，输沙率普遍减小。

（1）羊角畔西侧的断面Ⅰ附近岸滩由于距离连理岛较远，受连理岛的影响较小，输沙率变化不大。

（2）由于连理岛阻挡了部分的 E 向浪，使得断面Ⅱ和断面Ⅲ附近岸滩向东的输沙减少，两断面附近岸滩由西向东的净输沙率有所增大。

（3）羊角畔东侧的断面Ⅳ受岛的影响较明显，输沙方向发生了变化，变为由东向西，断面Ⅳ以东的岸滩产生一定的侵蚀。该岸段位于已建的连理岛后方。入射波浪在连理岛处发生绕射，使得波浪在岛后重新分布，岛后形成波影区，使得羊角畔河口两侧输沙聚集在河口三角洲附近。

（4）断面 i 输沙方向为由西向东，致使断面Ⅳ至断面 i 之间的岸滩有所侵蚀，这与前节的实测冲淤分析结果一致。

（5）断面 i 净输沙方向为由西向东。根据现场踏勘，此处桥墩间距较小，且有部分废弃桥墩，阻挡了部分由西向东的波浪及输沙，使得在桥墩根部出现少量的淤积。

（6）断面 ii 位于连接桥的东侧，且断面与桥墩之间有两段废弃的土堤，受此影响，断面 ii 附近岸滩输沙方向为由东向西，在突堤附近有少量的淤积，但由于该区侵蚀量较大，故无法形成明显的沙嘴。

（7）断面 ii 和断面Ⅴ之间的输沙岸滩分别向两侧输沙，使得该段岸滩发生侵蚀。

（8）断面Ⅴ和断面Ⅵ位于连理岛和海阳港西港区之间，连理岛建设后，由于阻挡了部分 S 向浪，使得向东的输沙量有所减少，因此，此两断面附近岸滩的输沙率较连理岛建设前有所减少。

6.4 现状岸线演变计算及分析

6.4.1 岸线演变分析

采用 MIKE21 中的 LITLINE 模块来模拟预测海阳万米沙滩的岸线演变情况。

目前，连理岛已建成，现状岸线为连理岛建成后的岸线。采用 LITLINE 模拟预测现状岸线下 5 a、10 a、20 a 及 50 a 的岸线演变（图 6.15）。

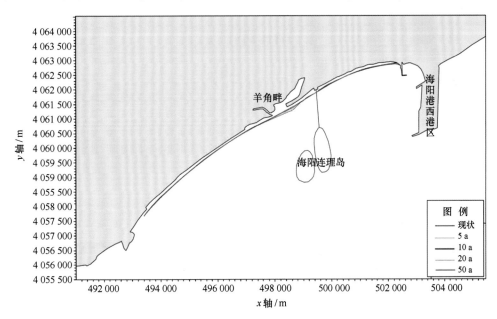

图 6.15 现状岸线多年演变模拟计算结果

6.4.1.1 羊角畔西侧岸段演变计算结果

现状岸线下，羊角畔西侧，距离连理岛较远的岸段岸线变化较小，局部有少许冲刷和淤积情况，50 a 岸线最大淤进、后退距离在 15 m 左右（图 6.16）。

羊角畔周边岸段，由于靠近连理岛，连理岛阻挡了 SSE 向浪和部分的 SE 向浪、偏 E 向浪，导致此岸段由东向西的输沙率有所增大，岸线出现明显的淤进。50 a 岸线最大淤进量约为 75 m。根据前文分析可知，羊角畔的入海泥沙量已较少，入海河流携沙对羊角畔区域的泥沙补充不明显。羊角畔周边岸段邻近连理岛，SSW 向浪、S 向浪在连理岛处发生绕射，使得波浪在岛后重新分布，岛后形

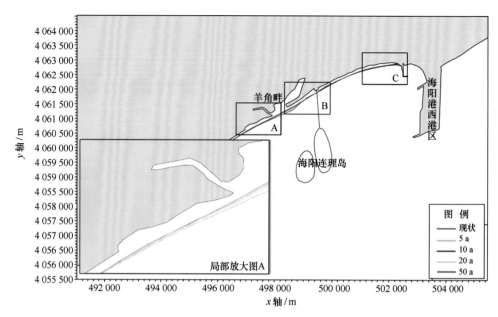

图 6.16　现状岸线多年演变模拟计算结果（羊角畔西侧岸段局部放大）

成波影区；且连理岛阻挡了部分的偏 E 向浪，使得此岸段附近岸滩产生淤积。这与实测该段岸线的变化规律是一致的。

6.4.1.2　羊角畔东侧至连接桥岸段演变计算结果

羊角畔东侧至连接桥岸段位于连理岛后方，该段岸线受连理岛的影响较大（图 6.17），50 a 岸线最大淤进量约为 115 m。靠近羊角畔的岸段在连理岛建成后，由于受岛的波影区及绕射的影响，结合前节输沙率的分析可知，其输沙方向发生了改变，由原来的由西向东输沙变为由东向西输沙。而西侧岸段为由西向东输沙，两侧的沿岸输沙充足，使得此岸段产生明显的淤进。这与实测该段岸线的变化规律是一致的。

由于连理岛连接桥西侧部分岸段输沙方向为由西向东，连接桥近岸处的桥墩间距较小，且低潮时桥墩及承台均露出，使得桥墩西侧的部分岸段产生淤积。而靠近羊角畔的岸段输沙方向为由东向西，使得中间岸段产生明显的侵蚀。这与实测该段岸线的变化规律是一致的。根据计算结果，50 a 岸线最大蚀退约为 27 m。

6.4.1.3　连接桥东侧至海阳港西港区岸段演变计算结果

此岸段主要受连理岛和海阳港西港区的影响。连理岛虽挡住了部分的偏 S

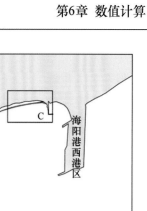
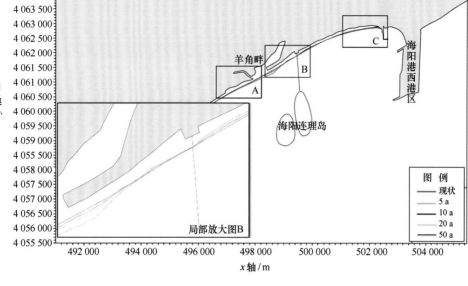

图 6.17　海阳万米沙滩现状岸线多年演变模拟结果（连接桥附近岸段局部放大）

向浪，以及海阳港西港区的波浪绕射作用，此岸段整体输沙方向仍为由西向东（图 6.18）。

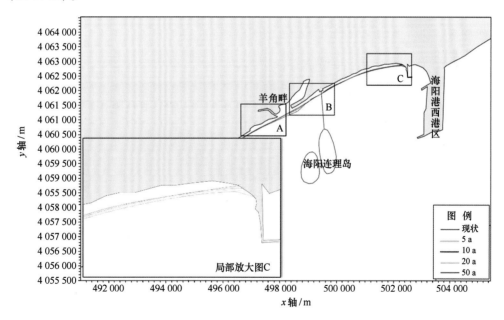

图 6.18　现状岸线多年演变模拟计算结果（海阳港西侧岸段局部放大）

但在连接桥东侧小部分岸段（约 50 m 左右），由于近岸处连接桥桥墩间距较小，低潮时桥墩及承台均露出，且连接桥东侧附近有废弃的两条土堤（约35 m长），使得连接桥东侧小部分岸段产生淤积。这与现场踏勘观察的此段岸线变化规律是一致的。

由于连接桥东侧岸段侵蚀区域向西方向的输沙率明显减小，使得此岸段的沿岸输沙来源严重不足，因此，在连接桥东侧约1.2 km的范围内产生明显的侵蚀。这与实测该段岸线的变化规律是一致的。根据计算结果，50 a岸线最大蚀退约为40 m。

海阳港西港区附近的岸段由于受到港区的绕射及阻挡作用，产生明显的淤积。这与实测该段岸线的变化规律是一致的。根据计算结果，50 a岸线最大淤进约为45 m。

因此，连理岛建设后改变了区域的沿岸输沙规律，导致局部岸线发生淤进和蚀退。

（1）羊角畔西侧岸段基本稳定，仅靠近河口的部分岸段有淤积。

（2）羊角畔东侧至连接桥岸段受人工岛波影区及波浪绕射作用的影响，输沙率明显减小，靠近河口岸段输沙方向发生了改变，使得此岸段的泥沙向两侧输移，而中间段发生明显侵蚀。

（3）由于连接桥近岸桥墩间距较小，桥墩承台低潮时露出，阻挡了部分泥沙的输移，使得连接桥两侧出现小范围的淤积。

（4）连接桥东侧约1.2 km岸段，输沙方向整体为由西向东，但由于连接桥西侧输沙率明显减小，使得此岸段无足够的沙源补充，该岸段出现明显的侵蚀。

（5）海阳港西港区附近岸段受西港区的波浪绕射作用及阻挡泥沙输移的作用，此岸段产生明显的淤积。

6.4.2　连理岛建设对邻近海滩稳定影响

根据前文海岸线和沙滩剖面监测数据比较分析，连理岛的建设对羊角畔周边砂质海岸的影响逐渐显现。连理岛连接桥接陆部分海滩略有淤积，但两侧海滩则呈现为侵蚀。数值计算的结果显示，连理岛北部的沿岸输沙有所变化，有形成连岛沙嘴的可能，但根据多个剖面的监测来看，羊角畔周边海滩的侵蚀强度较大，不能给周边海滩提供足够的沙源，故连理岛后方的海滩岸线变化不是很明显。此外，数值计算的结果也表明，连理岛建设后，对滨海浴场的沿岸输沙和海滩稳定基本没有影响，归功于海阳港西港区防波堤的建设，自西向东的沿岸输沙多止于此，故滨海浴场段海滩的侵蚀强度相对较小，岸线也基本稳定。

6.5 海岸侵蚀原因分析

一般认为砂质海岸侵蚀的主要原因可分为自然原因和人为原因，自然原因包括海平面上升、外来泥沙减少、极端天气过程等，人为原因包括不合理的海岸工程、人为采砂等。

根据前文的研究区海滩开发利用现状、海岸线、典型剖面调查和分析，海阳海滩的侵蚀相当严重，94%的砂质海岸正处于侵蚀破坏中，遭受到侵蚀灾害破坏的砂质海岸周边区域基本都有人类活动的痕迹。因此，海阳砂质海岸侵蚀是人类活动干预为主和自然条件为辅的两种影响在耦合作用下的结果，对海阳市定位为沙滩旅游休闲度假城市产生了较大的威胁。

海阳市沿岸砂质海岸广泛分布，但根据海滩现状调查结果来看，海阳海滩的侵蚀相当严重，94%的砂质海岸正处于侵蚀破坏中，海滩养护状况不容乐观，对海阳市定位为沙滩旅游休闲度假城市产生了较大的威胁。

6.5.1 海阳砂质海岸侵蚀的自然原因

6.5.1.1 河流入海泥沙减少

河流入海泥沙是区域沿岸泥沙循环的主要沙体，在漫长的地质发展过程中，特别是全球海平面基本稳定以来，在没有人为破坏、洪灾、台风、风暴潮等异常事件下，多数海岸接受泥沙与冲刷流失泥沙处于相对稳定平衡状态，海岸形态相对稳定。河流输沙是海滩的重要沙源，它维持了海岸稳定、使之向海淤进，但随着自然发展趋势，以及漫长的地质时期建立起来的陆上风化剥蚀相对稳定，陆源泥沙自然减少，加之近年来，河流上游水库等设施建设，造成河流流量减小，挟沙能力明显下降，陆源泥沙减少，加上海平面逐年上升，导致动力条件与海岸沉积失衡。过剩的水动力通过侵蚀岸滩泥沙来建立新的平衡，其长期作用结果即为海岸侵蚀灾害发生。山东半岛沿岸的主要河流，由于人类活动和气候变化的影响，入海泥沙持续减少，不能弥补参与沿岸区堆积的泥沙总量。

根据前节泥沙来源分析，本区的两大河流留格庄河和东村河，由于沿岸水库和水坝建设，流域内大面积坡地改为耕地和园地，入海泥沙约减少一半，加之区域建设用地大力开发造成海岸陆上沙源减少，导致海阳砂质海岸沿岸泥沙一直处于不饱和状态，造成原本的堆积岸段逐渐转变为缓淤或侵蚀岸段，造成海岸侵蚀加剧。

6.5.1.2 极端天气过程

海阳砂质海岸海域的潮流动力较弱，一般风浪作用下掀起的泥沙运动也较为有限，但短期的极端天气过程对砂质海岸形态的改造影响巨大。尤其是以台风风暴潮增水最具破坏力，其是沙滩剖面短期突发性侵蚀的最主要动力。由风暴潮增水引发的海岸侵蚀极为强烈。据统计，台风在山东半岛登陆的频次为 1.1 次/a，相比之下，受内蒙古高压和海上冷锋的影响，寒潮在山东的过境频次高出台风不少，为 3.2 次/a。在风暴潮大幅增水的作用下，波能变大，影响区域广，导致较多的泥沙向海运动，形成新的岸线，一般会发育有新的侵蚀陡坎，并伴有滩肩变窄，物质粗化。2018 年 8 月台风"安比"沿黄海北上，经过青岛和烟台，海阳多处砂质海岸在台风过后发生明显侵蚀。

6.5.1.3 开敞型海岸自然侵蚀

海岸地貌和海岸类型与其抗侵蚀能力密切相关。海阳砂质海岸地形开敞，岸线平直，海岸走向垂直于常浪向，容易产生海岸侵蚀，加之多个凸堤和码头建设在开敞的海域，海岸破碎化，海浪在近岸破波带破碎后，形成较强的冲蚀能力，对海岸侵蚀较大。

6.5.1.4 海平面上升

过去的 100 年间，中国的海平面上升速率为 2~3 mm/a。山东半岛地区正处于地壳缓慢抬升的时间区间，1~4 mm/a 的地壳抬升速率为除烟台验潮站外的山东半岛沿岸其他各站位年均海平面相对高程下降提供了条件。由文献可知，山东半岛海平面上升和大地构造上升的影响基本抵消，因此，该区域海岸侵蚀受海平面上升的影响较小。

6.5.1.5 潟湖沙坝体自然侵蚀

海阳砂质海岸是较为典型的潟湖沙坝海岸，分布有马河港潟湖和羊角畔潟湖，河口湾处分布有平直的沙坝，内侧有潟湖，羊角畔河口存在向海凸出的三角洲，马河港潟湖未见向海凸出的三角洲。随着海阳城市建设的扩张，潟湖多半被围填用以市政建设，潟湖的纳潮量锐减，淤废程度加剧。而且，河流径流量减小，造成潟湖输出的泥沙量减少，沙坝得不到泥沙的补充，加之海浪的侵蚀作用，三角洲和沙坝体的海滩侵蚀加剧。

6.5.2 海阳砂质海岸侵蚀的人为原因

海阳砂质海岸平直，缺乏掩护条件，加之河流入海泥沙减少等，海岸整体处于自然侵蚀状态，海岸工程、人为采砂等活动加剧了海岸侵蚀。

6.5.2.1 海岸工程

不合理的海岸工程阻挡了沿岸沉积物运动，引起海岸的淤积或侵蚀。海岸带沉积物和海岸受侵蚀产生的沉积物或河流入海的沉积物产生的沿岸运动，在不同季节其方向会随风浪状况的变化而变化，每个季节会有相对稳定的输沙量和输沙方向。海阳砂质海岸沿岸建设有多处凸堤、护岸、码头和养殖设施等，容易导致沿岸上游一侧的沉积物供应端产生浅滩，岸线淤进，而在沉积物输运的下游一侧会发生侵蚀，原先平衡的多年稳定的岸线发生破坏，产生不可逆的恶性循环。

根据多期的海岸线和海滩剖面监测结果来看，海阳砂质海岸侵蚀多发于人类活动强烈的区域，如临海养殖密集区、海岸工程（凸堤或防波堤）较多的区域。此外，数值计算表明，海岸工程建设后对区域泥沙运动的影响较大，加剧了海岸侵蚀。因此，海岸工程是加剧本区海岸侵蚀的主要原因。

海阳港西港区至海阳核电厂之间建设有多个凸堤，阻挡了自西向东的沿岸输沙，造成该区域海岸附近发生了强烈的侵蚀，部分区域已经裸露出岩滩，导致周边生产和生活受到严重影响。

连理岛的建设对局部波浪场分布有影响，连理岛北部的海滩海岸线不得不调整到与盛行的西南向和东南向浪相垂直，海岸线呈现不规则的变化，连理岛连接桥接陆段两侧海滩分别发生了强侵蚀和严重侵蚀，而连接桥登陆端则略有淤积。

羊角畔西侧海滩沿岸分布有大量的养殖场，部分养殖场直接建设在沙滩后滨上，还有少量养殖场距离滩肩很近，导致海滩面积缩小，上述工程对陆源泥沙入海起到了较大的阻挡作用，或是直接破坏了海滩平衡剖面形态，导致水动力与海岸泥沙运动平衡失调。此外，养殖场的排水口直接裸露在海滩上，部分排水管直接裸露于海滩上，这些构筑物客观上起到了类似丁坝的作用，阻挡了海滩泥沙的纵向运动，对海滩的整体稳定有一定影响。海滩因沿岸输沙受阻在管体下游一侧会形成侵蚀热点，造成下游一侧滩面侵蚀，滩肩线后退甚至消失，尤其是管涵基础埋深不足时，容易造成基础淘蚀，进一步加剧了海滩侵蚀。养殖废水可排放时，流经海滩滩面时会对海滩产生一定切割作用，大量的沉积物在水流作用下向海运动，形成冲蚀沟。尤其是排水量较大时，一次强排水就可以引发海滩的强烈侵蚀。

6.5.2.2 人为采砂

随着城市建设和沿岸工业发展，建设用沙量增加；同时海阳砂质海滩周边分布有较多的临海养殖场和村庄等，不少经营者就地、就近于海滩上挖沙，形成了大小不等的残留沙坑，该行为在羊角畔西侧屡见不鲜。海滩采砂导致海岸泥沙流失严重，海滩必须重新塑造自己的岸滩平衡剖面，造成新的海岸侵蚀发生。

综上所述，海阳的开敞型砂质海岸因入海泥沙减小，在海洋动力作用下，会发生自然侵蚀。这是砂质海岸普遍性的侵蚀规律，但人为因素是海阳砂质海岸侵蚀的主要原因，如不合理的海岸工程设置和人为采砂等严重加剧了海岸侵蚀。

第7章 海阳万米沙滩海岸侵蚀防护技术研究

7.1 设计原则

7.1.1 整体性原则

沙滩不是独立存在的，其与周围的环境相互影响、相互作用。因此，综合考虑区域气候气象、水文和地质等条件进行海岸侵蚀防护与修复设计，各种技术和方法相互配合，以期达到最优效果。

7.1.2 有序性原则

客观事物及其运动、变化存在一定的有序性，海岸侵蚀也不例外。因此，在研究中对砂质海岸的类型进行了研究，并从自然因素和人为因素两个方面分析了砂质海岸侵蚀的原因，总结了其特征，在这些工作的基础上进行海岸侵蚀防护与修复方案设计。

7.1.3 动态性原则

海岸侵蚀是一个动态的过程，因此，在方案设计前对历史侵蚀和海岸沿岸输沙状况进行动态研究，对海岸侵蚀风险进行评价，并对拟选方案设计数值计算实验，对其效果进行动态模拟，进而选定最终方案。

7.2 设计思路

岸滩类型主要受动力条件限制。当近岸波浪作用强烈时，岸滩坡度较陡，近岸一般形成砂质海岸；近岸波浪作用较弱时，岸滩坡度平缓，多形成泥质海岸；泥沙混合型海岸属于过渡型岸滩形态。在近岸水浅处，波浪可直接强烈地作用于底部，引起岸滩的冲淤变化（张振克，2002；胡广元等，2008）。改变岸线的动力条件使得泥沙淤积，或者增加泥沙的来源，是防治海岸侵蚀的关键。海阳万米沙滩海岸侵蚀防护设计思路是，在充分了解海滩分布规律的基础上，针对海阳万米沙滩研究区历史监测资料和气象地理条件，深层次分析研究区侵蚀特征与机理，结合国内外先进经验，利用经验公式和数值模拟方法给出了增加泥沙来源和建设硬防护工程相结合的沙滩防护技术方案设计。

7.3 海阳万米沙滩侵蚀防护技术研究

我国海岸线曲折复杂，动力条件也差异较大。鉴于海岸段环境不同，海滩保护的内容和要求有所差别，海滩保护的技术和手段在不同区域、不同岸线也不尽相同，其形式要根据具体海岸的特点进行选择，也可以采用组合性的防护措施。一方面要满足生态需要；另一方面要满足经济发展需要。

海岸带研究人员经过几十年的探索，已研究出了多种不同的人工护滩和生物护滩方法。根据岸滩实际情况不同，因地制宜地采用不同的海滩修复与防护方法，已在全国沿海各地得到了广泛应用。海岸防护措施一般可分为硬结构防护措施和软结构防护措施。硬结构防护措施通过改变泥沙运移方式和减轻海洋动力强度来达到海岸防护的目的。但是，硬结构防护并非在任何环境下都是有效的，比如，砂质海岸突堤下游的海岸侵蚀会更加严重。软结构防护措施通过对砂质海岸补充沙源和生物护滩等方法减小海岸动力对泥沙运移的影响，实现护滩目的。在一定程度上，软结构防护对岸滩自然形态的影响要小于硬结构防护，可以更好地保护岸滩原有景观。常用的硬结构防护措施有丁坝、护坎坝、潜堤、海堤和离岸坝等，较为普及的软结构措施有生物护滩和人工补沙（沙滩喂养）等（李兵等，2013）。

7.3.1 退养还滩

羊角畔西侧海滩分布有大量临海养殖设施，部分养殖场直接建设在海滩上，甚至建设在海滩前滨上，部分养殖场的排水管涵裸露布置在滩面上，另有少部分旅游设施建设在后滨沙丘上，上述人类活动直接破坏了海滩剖面形态，加剧了局部海岸侵蚀的发生。因此，建议对占据海滩的养殖池和旅游设施逐步实施搬迁，对海滩后方距离海滩较远的养殖场排水管涵进行埋深改造，以减少对滩面的冲蚀。

7.3.2 防风固沙

海岸风沙防护主要包括生态法和工程措施。最常见的生态法为植被防护，功效最为显著的是海岸防护林体系，其具有防风、防雾、防潮、防沙四大优点。我国管理部门也较早认识到风沙防护林的诸多优点，通过沿海防护林体系建设，达到了防风固沙、减缓海岸侵蚀的目的。根据文献资料，海阳砂质海岸原本存在日本黑松林为主的沿海防护林带，经多期现场调查，羊角畔两侧约10 km范围的砂质海岸原有的防护林带已被各种人类活动取代。因此，建议逐步恢复沿海防护林带，采用以日本黑松为主，结合其他耐盐碱、耐风沙灌木，形成乔灌草相结合波状起伏的绿色屏障，以起到固定流沙、拦截风流沙和保护海滩的目的。

7.3.3 沙滩喂养

沙滩喂养是海滩养护的主要手段之一，我国以沙滩喂养方式防御海岸侵蚀的成功案例多集中于旅游产业发达的区域，如青岛的第一海水浴场、石老人海水浴场、秦皇岛的黄金海岸、三亚国宾馆海滩等，均取得了较好的效果。

沙滩喂养是通过人工海滩平面和剖面设计，根据当地波浪动力和海滩地形，合理选择抛沙位置，一般采取沙丘补沙、干滩补沙、滩面补沙等方式，采用的喂养沙粒径范围一般应与海滩的沙粒径差不多或者略粗。经过多期监测，海阳万米沙滩滨海浴场的海滩呈现持续侵蚀的趋势，为改善浴场的海滩环境，建议采用异地取沙的方式，进行沙滩喂养，以扩大现有沙滩规模，改善海滩质量，增强海滩的容纳能力，提高海滩吸引力。

7.3.4 凸堤优化

经过现场踏勘、多期海滩剖面分析和数值计算，海阳港西港区和海洋核电厂之间分布有多道凸堤或防波堤，将海滩分割成多个相对独立的海滩单元，打破了海滩泥沙输送规律，导致沿岸流下游海滩遭到强侵蚀。因此，建议对该区域凸堤或防波堤进行工程优化，对凸堤接陆段优化为透水式的结构形式，以恢复沿岸泥沙输送通道，减小区域海滩侵蚀强度。

7.3.5 硬工程防护

除拆除不合理海岸工程、建设沿海防护林和沙滩喂养等手段外，为改变沿岸输沙和局部水动力，构建稳定的海滩岸线形态，需要建设一些辅助的近岸工程如丁坝、潜堤或者人工岬角等。

通过 25 个断面的调查以及沉积物粒度分析，可以发现，调查区属于砂质岸滩类型，近岸区的潮间带岸滩坡度在 1/30～1/50，属于砂质海岸岸滩坡度范围，近岸年平均波高为 0.4～1.0 m，周期为 3 s，动力条件相对较强，近岸岸滩泥沙类型为细砂，因此，通过以下分析和计算研究防护工程对海岸稳定的影响。

1）沿岸输沙

根据前文的计算，研究区的沿岸输沙方向基本呈沿海岸自西向东分布，沿岸输沙主要由 SE 向风浪控制，且越向西越明显，沿岸输沙自西向东逐渐减弱。虽然连理岛的建设对羊角畔附近的沿岸输沙略有影响，但海阳万米海滩的整体输沙格局基本没有变化。

2）硬工程防护种类

（1）丁坝

丁坝工程是一种古老的护岸工程，数百年前就有人工矶头保护河岸，20 世纪初以来逐渐用于海岸上。丁坝是我国当前海岸防护采用较多的一种人工保滩保淤工程，它主要的功能是拦流拦沙，对入射波也起着一定的掩护作用。丁坝的高度相当于最高水位时，从坝顶越过的波浪对邻近海滩不再起冲刷作用，达到较好的淤积效果。一般丁坝轴线与主波向线交角以 110°～120°最佳。丁坝垂直于海岸，或与主波向线平行时，消浪能力较差，但是对砂质海岸纵向输沙可以起到较好的缓速和拦截作用，对沿岸补沙功能薄弱的砂质海岸促淤效果较为明显。

（2）护坎坝

护坎坝是保护海堤前缘高滩免受蚀退的一种工程防护形式，其目的也是使坝前滩地稳定，以达到保护海堤的目的，其防护原则与筑堤护坡是一致的。护坎坝工程开始时投资较少，生产经营单位乐于采用，但是随着波浪对护坎坝坝前滩地的逐渐侵蚀，海岸动力对护坎坝的作用不断加大，使其易损性大大提升，直至失去护堤功能。因此，对于海岸侵蚀强烈的地区不宜采用此种方法。

（3）潜堤

潜堤是一条平行于海岸的抛石堤。高潮时，堤潜没入水中，主要目的是使外来的波浪在到达海堤前经过一次破波消能，减少波浪直接对海堤的冲击。这种工程一般建在有一定防御能力的海岸地段。

（4）离岸堤

离岸堤是一种距水边线有一定距离而又平行于岸线的露出水面的防护建筑物。离岸堤常采用离岸堤组的形式构建，主要功能是使海浪受堤阻拦而发生绕射，消耗入射波能，在堤后形成波影区，促使泥沙在堤后及受到保护的岸段淤积。

7.3.5.1 海阳万米沙滩硬结构防护设计方案

根据国内外沙滩养护的经验，将海滩分成多个单元，各海滩走向尽量与当地控制性主波向垂直，各海滩单元长度与海滩宽度比值一般在 5~15 倍之间。结合海阳万米沙滩的泥沙输运特征和动力条件，丁坝是本区海滩防护的首选。因此，在数值计算中将海阳万米沙滩海域设置 1 个丁坝作为尝试性试验。同时，参照类似工程的布置原则，丁坝的长度不宜过长，避免沙滩附近产生复杂的流态，如回流等。

根据前节分析可知，选取海阳万米沙滩的典型侵蚀段——连理岛连接桥接陆的岸段。连接桥东侧输沙方向为由西向东，但由于其西侧岸段侵蚀明显，输沙率明显减小，使得此岸段的沿岸输沙来源不足，此岸段侵蚀明显。

连接桥西侧岸段侵蚀主要受人工岛波影区及波浪绕射作用的影响，导致输沙率明显减小，且靠近河口岸段输沙方向改为向西输移，中间泥沙向两侧输移。因此，针对此岸段的侵蚀成因，应减小泥沙的向西输移。而波浪是此处泥沙运动的主要动力，因此，可采取一定措施适当减小偏东向浪，使得泥沙的向西输移相应减小。设计了 3 种防护方案，开展预测分析。

1）连接桥西侧岸段防护方案一：依桥墩建设丁坝

丁坝是常见的维护岸滩稳定性的构筑物，可以有效地拦截上游的泥沙，使得上游泥沙堆积，但其缺点是完全地拦截泥沙使得下游无泥沙补给，下游岸滩通常会发生明显的侵蚀（图 7.1）。

此方案为依桥墩建设约 300 m 长的丁坝，计算其 10 a 的演变结果。由计算结果可知，设置丁坝后，在连接桥西侧，丁坝有效地拦截了由西向东的输沙，同时减小了偏 E 向浪的作用，使得原侵蚀区域得到明显缓解。在连接桥东侧，受丁坝的绕射作用影响，丁坝根部有少许的淤积，但大部分区域较现状侵蚀更加严重。这主要是因为丁坝拦截了大部分由西向东的输沙，使得连接桥东侧无充足的沙源补充，所以侵蚀加重。

由此可见，丁坝的设置有利有弊，依桥墩建设丁坝可缓解连接桥西侧的沙滩侵蚀，但同时会加重东侧的侵蚀。

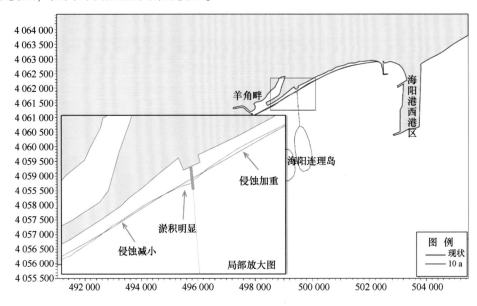

图 7.1　防护方案一：依桥墩建设丁坝计算结果

2）连接桥西侧岸段防护方案二：依桥墩建设 350 m 离岸丁坝

　　将丁坝改为离岸丁坝，离岸丁坝垂直于海岸，距离岸滩一定的距离，可阻挡部分波浪，也可保留沿岸输沙的通道，是目前较为常用的构筑物。此方案为依桥墩建设 350 m 长的离岸丁坝，计算其 10 a 的演变结果（图 7.2）。

　　由计算结果可知，离岸丁坝阻挡了部分偏 E 向浪，连接桥西侧的淤积区有所增大，原侵蚀区域得到一定的缓解。但原侵蚀区向西偏移，且侵蚀程度较现状强。由于离岸丁坝不完全拦截由东向西的输沙，因此，连接桥东侧与现状岸滩演变情况类似，变化不大，连接桥东侧侵蚀区域未得到明显缓解。

　　由此可见，依桥墩建设 350 m 长离岸丁坝可缓解连接桥西侧的沙滩侵蚀；但侵蚀区域向西偏移，且侵蚀较现状加重；连接桥东侧的侵蚀区变化不大，未得到明显缓解。

3）连接桥西侧岸段防护方案三：依桥墩建设 200 m 离岸丁坝

　　此方案为在距离桥墩较远处，依桥墩建设 200 m 长的离岸丁坝，计算其 10 a 的演变结果（图 7.3）。

　　由计算结果可知，离岸丁坝阻挡了部分偏 E 向浪，连接桥西侧的侵蚀区得到明显的缓解。原侵蚀区向西偏移，偏移后的侵蚀区较现状岸滩侵蚀略有增加，

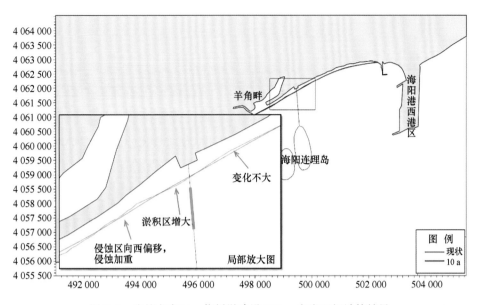

图 7.2 防护方案二：依桥墩建设 350 m 离岸丁坝计算结果

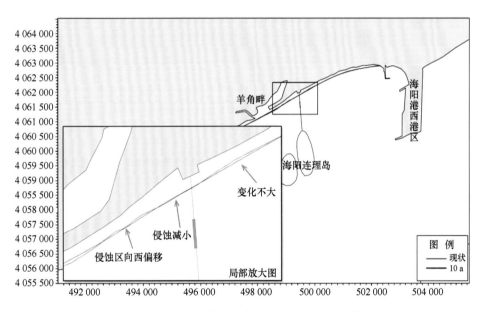

图 7.3 防护方案三：依桥墩建设 200 m 离岸丁坝计算结果

但较防护方案二侵蚀有所减小。由于此方案离岸丁坝不完全拦截由东向西的输沙，因此，连接桥东侧与现状岸滩演变情况类似，变化不大，其侵蚀区域未得到明显缓解。

由此可见，依桥墩建设 200 m 长离岸丁坝可缓解连接桥西侧的沙滩侵蚀；侵蚀区域向西偏移，但侵蚀量较方案二有所减小；连接桥东侧的侵蚀区变化不大，未得到明显缓解。

7.3.5.2　防护方案比选分析

综上分析，三种防护方案均可一定程度上缓解连接桥西侧的侵蚀，其中以丁坝效果最好，但其缺点是会导致连接桥东侧的侵蚀严重加剧。依桥墩建设离岸丁坝的方案不会对连接桥东侧的岸滩产生明显的影响，但会使得连接桥西侧侵蚀区向西偏移，离岸丁坝越长，偏移越大，其偏移后的侵蚀区侵蚀程度也越大。综合对比三种方案，方案三的防护效果较好（图 7.4）。

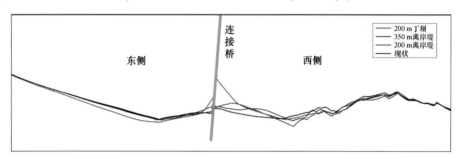

图 7.4　不同防护方案下，在连接桥两侧的岸线演变情况

此外，海阳万米沙滩为宝贵的天然沙滩资源，同时也是旅游景区，不宜设置大型的、突兀的构筑物。且设置丁坝等硬性构筑物会导致上游淤积、下游侵蚀严重的情况，打断岸滩的完整性，破坏景观。因此，针对本区侵蚀海滩岸段的防护，建议可通过定期进行补沙的方式来缓解侵蚀。

7.3.6　短期内沙滩防护方案

考虑到海阳市政府的财政状况和防护方案实施的难易程度，本研究建议现阶段可以采取以下两种海滩侵蚀防护方案。

7.3.6.1　高位养殖池取、排水管涵优化

羊角畔以西海滩后方分布有大量的高位养殖池，部分养殖池直接建设在海滩后滨之上，各家养殖池的取、排水管涵基本裸露在海滩上，对海滩面貌、沙滩形态破坏较大。由于拆除上述养殖耗费财力较大，而且涉及大量人口的转产问题，短期内难以完成如此大量的养殖拆除，也不利于区域社会稳定，只能从长计议，制定逐步实施养殖池拆除的计划。然而，现阶段可对裸露在海滩的取、排水管涵进行优化改造，如每隔一段海滩设置统一的深埋沙滩下的取、排水管

涵，以减少对海滩形态的破坏。

7.3.6.2 海阳核电厂以西凸堤部分拆除

海阳港至海阳核电厂之间的海滩建设有多个伸出海岸的凸堤，将完整的海滩分割为多个小海滩，导致区域水沙运动进一步失衡，各个小海滩均呈现出东淤西蚀的特征。这几道凸堤原本是海阳新港区填海造地工程实施的先期工程，但由于国家出台严控围填海政策，该项目停滞至今。目前，国家对新增围填海工程从严管理，海阳新港级别较低，区域经济社会条件难以支撑国家级项目支持，故新港区填海工程实施已基本无望。因此，建议逐步拆除上述凸堤，退港还海，逐步恢复该区域海滩的自然面貌。

第 8 章 结论

我国是海岸侵蚀灾害较为严重的国家，自 20 世纪 80 年代起，海岸侵蚀已经成为我国海岸灾害主要致灾因子。近年来，在全球海平面上升、气候变暖、风暴潮增强、河流入海泥沙锐减和大量海岸工程建设的背景下，我国沿海海岸侵蚀呈现出加剧的趋势。根据国家海洋局历年公布的《中国海洋灾害公报》，我国砂质海岸和粉砂淤泥质海岸侵蚀十分严重，沿海砂质海岸的侵蚀程度远超粉砂淤泥质海岸，且局部岸段的侵蚀有加重趋势，2016 年和 2017 年由于海岸侵蚀导致的直接经济损失已连续两年超过 3 亿元。海岸侵蚀不仅会破坏海岸自然景观，如沙滩宽度减小、海岸坡度增加、滩面泥沙粒径粗化，而且会导致自然亲水环境受损、海滩休闲旅游功能下降、海岸空间压缩和近海海洋生态环境质量下降。因此，对遭受侵蚀的典型砂质海岸开展侵蚀监测和海滩养护工程是十分必要的。

通过对海阳典型砂质海岸进行资料搜集和实地调查，基本掌握了海阳典型砂质海岸的侵蚀现状，分析了海阳万米海滩海岸侵蚀的主要原因，提出了相应的海岸防护对策。具体结论如下。

（1）海阳优质的砂质海岸基本遭受到砂质海岸侵蚀的威胁，约有 59% 的砂质海岸处于强侵蚀，约有 5% 的砂质海岸处于严重侵蚀，约有 21% 的砂质海岸处于中度侵蚀，有 9% 的砂质海岸处于轻度侵蚀，仅有 6% 的砂质海岸基本稳定。羊角畔西侧海滩的平均侵蚀速率约为 2.68 m/a，羊角畔东侧海滩的平均侵蚀速率约为 0.52 m/a，故羊角畔东侧海滩侵蚀强度小于西侧。海阳港至海阳核电厂砂质岸段受侵蚀最为严重，2017 年和 2018 年侵蚀量为 $24.04×10^4 m^3/km$ 和 $27.55×10^4 m^3/km$。

（2）海阳砂质海岸平直，缺乏掩护条件，加之河流入海泥沙减少等因素，海岸整体处于自然侵蚀状态。通过调查和分析计算表明，海岸工程和人为采砂等人类活动更是加剧了海岸侵蚀的态势，是本区海岸侵蚀的主要影响因素。海阳多个砂质岸段的临海养殖设施和旅游娱乐设施直接建设在海滩上，对海滩形态和剖面平衡破坏较大；部分养殖场的排水管涵裸露在海滩滩面，形成明显的冲蚀沟，破坏了滩面泥沙运动平衡。海阳港至海阳核电厂段海滩被多个凸堤分割，对沿岸输沙格局产生了破坏性影响，导致沿岸流下游海滩受到强侵蚀，显露出岩滩。此外，人为采砂行为在调查区时有发生，对海滩往往造成破坏性影响，难以恢复。连理岛建设后，其后方海滩的局部沿岸输沙方向发生变化，连接桥接陆两侧海滩侵蚀加剧。

（3）根据研究区沿岸输沙特征和数值计算，丁坝是较为有效的海滩防护措施。但丁坝会直接阻隔沿岸输沙的路径，也会导致相邻海滩之间的冲淤不平衡。而离岸丁坝既可以起到防浪的功效，也可以保留一定宽度的沿岸泥沙输送通道，对连理岛后方海滩的淤进和蚀退影响也较小，故采用离岸丁坝是较为有效的防治研究区砂质海岸侵蚀的技术方案。

参考文献

蔡锋,苏贤泽,刘建辉,2008. 全球气候变化背景下我国海岸侵蚀问题及防范措施[J]. 自然科学进展, 18(10):1093-1103.

蔡锋,苏贤泽,夏东兴,2004. 热带气旋前进方向两侧海滩风暴效应差异研究[J]. 海洋科学进展, 22(4):436-445.

蔡锋,苏贤泽,杨顺良,2002. 厦门岛海滩剖面对9914号台风大浪波动力的快速响应[J]. 海洋工程, 20(2):85-90.

陈沈良,张国安,陈小英,2005. 黄河三角洲飞雁滩海岸的侵蚀及机理[J]. 海洋地质与第四纪地质, 25(3):9-14.

陈子燊,2000. 海滩剖面时空变化过程分析[J]. 海洋通报,2:42-46.

国家海洋环境监测中心,2018. 海岸侵蚀灾害损失评估技术规范(征求意见稿).

胡广元,庄振业,高伟,2008. 欧洲各国海滩养护概观和启示[J]. 海洋地质动态,241(12):29-33.

季子修,1996. 中国海岸侵蚀特点及侵蚀加剧原因分析[J]. 自然灾害学报,5(2):65-75.

李兵,蔡锋,曹立华,2009. 福建砂质海岸海岸侵蚀原因及防护对策研究[J]. 台湾海峡,28(2): 156-162.

李兵,庄振业,曹立华,2013. 山东省砂质海岸侵蚀与保护对策[J]. 海洋地质前沿,29(5):47-55.

麻德明,王勇智,赵鸣,2018. 环海阳万米沙滩河流流域土壤侵蚀量估算及演变[J]. 中国海洋大学学报,48(2):88-97.

山东省科学技术委员会,1990. 山东省海岸带和滩涂资源综合调查报告集:综合调查报告[M]. 北京:中国科学技术出版社.

王广禄,蔡锋,苏贤泽,等,2008. 泉州市砂质海岸侵蚀特征及原因分析[J]. 台湾海峡,27(4): 547-554.

王文海,1987. 我国海岸侵蚀原因及其对策[J]. 海洋开发与管理,(1):8-12.

王文海,吴桑云,1993. 山东省的海岸侵蚀灾害研究[J]. 自然灾害学报,2(2):60-65.

王颖,吴小根,1995. 海平面上升与海滩侵蚀[J]. 地理学报,50(2):118-127.

夏东兴,王文海,武桂秋,1993. 中国海岸侵蚀述要[J]. 地理学报,48(5):468-476.

许亚全,赵利民,2007. 关于海滩剖面监测方案的探讨[J]. 海洋测绘,27(4):68-70.

喻国华,施世宽,1985. 江苏省吕四岸滩侵蚀分析及整治措施[J]. 海洋工程,3(8):26-37.

岳娜娜,吴建政,朱龙海,2008. 离岸人工岛对沙质海岸的影响研究[J]. 海洋地质动态,24(4): 18-22.

张甲波,2010. 人工岬湾养滩工程设计方法研究[D]. 上海:同济大学.

张忍顺,陆丽云,王艳,2002. 江苏海岸侵蚀过程及其趋势[J]. 地理研究,21(4):469-478.

张绪良,2004. 山东省海洋灾害及防治研究[J]. 海洋通报,23(3):66-72.

张泽华,吴建政,朱龙海,2012. 海阳港东港区建设对砂质海岸冲淤影响[J]. 海洋地质前沿,28(8):49-55.

张振克,2002. 美国东海岸海滩养护工程对中国砂质海滩旅游资源开发与保护的启示[J]. 海洋地质动态,18(3):23-27.

庄克琳,庄振业,李广雪,1998. 海岸侵蚀的解析模式[J]. 海洋地质与第四纪地质,18(2):97-101.

Bernabou A M, Medina R, Vidal C A, 2003. Morphological model of the beach profile integrating wave and tidal influences[J]. Marine Geology,197: 95-116.

Cowell P H, Thom B G, 1994. Morph dynamics of coastal evolution[M]. Coastal evolution,Cambridge: Cambridge university Press,33-86.

Davies A M,Xing J X,2003. Processes influencing wind-induced current profiles in near coastal stratified regions[J]. Continental Shelf Research, 23: 1379-1400.

Dean R G,1987. Coastal Armoring: Effects, Principles and Mitigation[J]. Proceedings of the 20th International Conference on Coastal Engineering (Taiwan),1843-1857.

Dean R G, Chen R J, Browder A E,1997. Full scale monitoring study of a submerged breakwater,Palm Beach, Florida, USA[J]. Coastal Engineering, 29: 291-315.

Fenneman J S, 1902. Development of the profile of equilibrium of the subaqueous shore terrace[J]. Journal of Geology,10: 1-32.

Kemp P H,1961. The relationship between wave action and beach profile characteristics [J]. Proc. 7th Conf. On Coast. Eng. , 262-277.

Lentz E E, Hapke C J,2011. Geologic framework influences on the geomorphology of an anthropeogenically modified barrier island: assessment of dune/beach changes at Fire Island, New York[J]. Geomorphology,126:82-92.

Paskoff R,Clus-Auby C,2007. Lerosion des plages, Les causes, les remedes[M]. Paris: Institut Oceanogragphique editeur,184.

Riggs S R,Cleary W J, Synder S W,1995. Influence of inherited geologic framework on barrier shore face morphology and dynamics[J]. Marine Geology,126:120-142.

Stive M J, Vriend H J,1995. Modelling shoreface profile evolution[J]. Marine Geology, 126:235-248.

Yunus Rana M,David J W,Martin F L,1999. A storm tide beach erosion model for the Adelaide coast, Australia[J]. Journal of irrigation engineering and rural planning,36:10-19.